W0362441

Der Privatflugzeugführer

Band 1 **TECHNIK I**

Verfasser: Wolfgang Kühr

Der Privatflugzeugführer

Band 1	**TECHNIK I**
ISBN:	3-935220-40-5
Verfasser:	Wolfgang Kühr
Fachliche Aktualisierung:	Karsten Riehl
Herausgeber, Verlag und Copyright:	LUFTFAHRTVERLAG Friedrich Schiffmann GmbH & Co. Kommanditgesellschaft, Geschäftsführer: Heinrich Wittemann Sitz der Gesellschaft: Bergisch Gladbach
Verlags- und Vertriebsleitung:	Birgit Frank Luftfahrtverlag Friedrich Schiffmann GmbH & Co. KG Kölner Straße 195–197, 50226 Frechen Tel. 0 22 34/99 80 10-0, Fax 0 22 34/99 80 10-9 E-Mail: b.frank@schiffmann.de, Internet: www.schiffmann.de

Gesamtherstellung:	Schiffmann-Gruppe 51427 Bergisch Gladbach Germany
Auflage:	Überarbeitete Auflage Juni 2004

Vorwort

Der hier vor Ihnen liegende Band 1 der Lehrbuchserie „Der Privatflugzeugführer“ wurde im Jahre 1975 als erster Teil des Gesamtwerks herausgegeben.

Nach einigen unveränderten Nachdrucken wurde Band 1 – „TECHNIK I“ inzwischen mehrmals überarbeitet, wobei technische Veränderungen und Neuerungen berücksichtigt worden sind.

Herausgeber

LUFTFAHRTVERLAG
Friedrich Schiffmann GmbH & Co. Kommanditgesellschaft

A Hauptbauteile des Flugzeugs

1 Flugzeugkunde (Hauptbauteile, deren Bezeichnung und Funktion)

Ein Privatflugzeugführer oder Flugschüler wird zwar niemals in die Verlegenheit kommen sein Flugzeug selbst zu reparieren oder sogar wesentliche Teile nach einer Beschädigung nachzubauen; er sollte jedoch mit den wichtigsten Bauelementen des Flugzeugs und deren Funktion und Bezeichnung vertraut sein. Ebenso sollte er gute Grundkenntnisse in der Aerodynamik und Fluglehre haben. Sie erleichtern die Schulung und tragen wesentlich zur sicheren Führung eines Luftfahrzeugs bei.

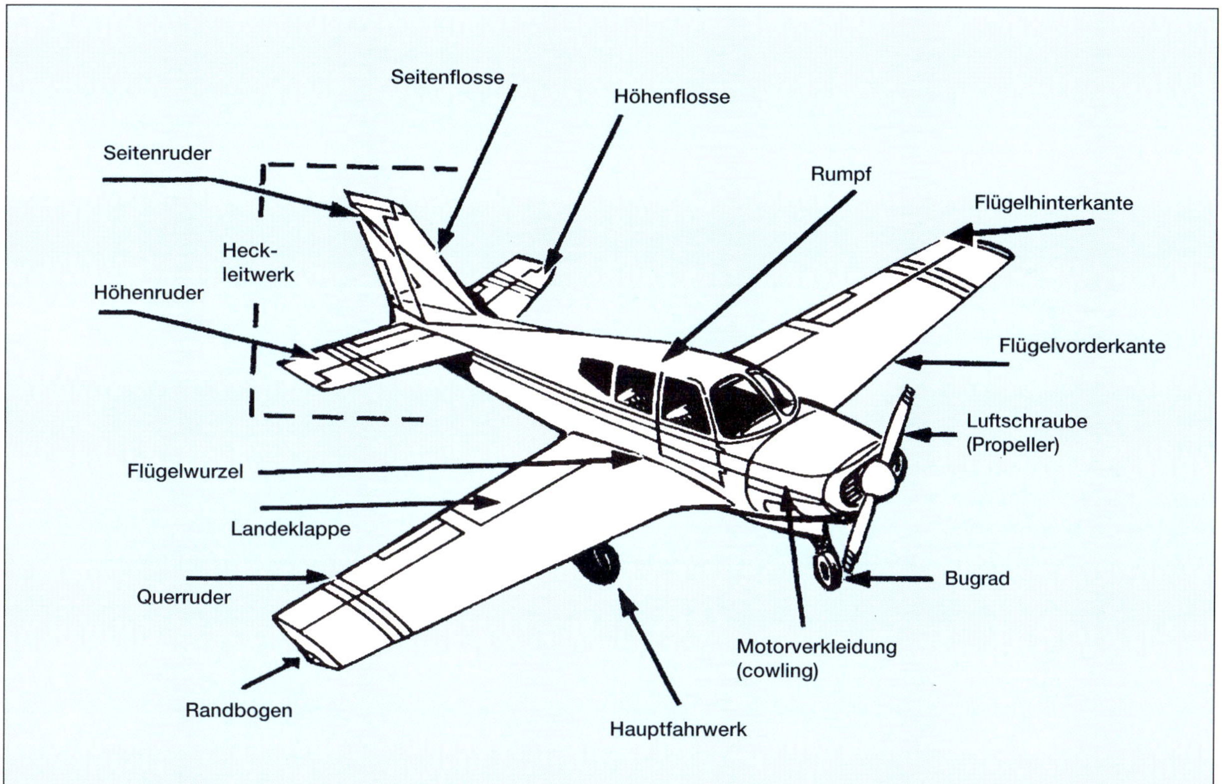

Bild 1.1 Hauptbauteile des Flugzeugs

1.1 Die Tragflügel oder Tragflächen

Der Tragflügel, bestehend aus **Flügelwurzel, Flügelvorderkante, Randbogen, Flügelhinterkante, Querruder und Landeklappe,** erzeugt den zur Überwindung der Schwerkraft (Gewicht bzw. Masse des Flugzeugs) nötigen Auftrieb während des Fluges. Die Form und Größe eines Tragflügels variiert von Flugzeug zu Flugzeug und hängt von der Absicht des Flugzeugkonstrukteurs ab, entweder ein schnelles Reiseflugzeug mit geringem Widerstand oder z. B. ein Schulflugzeug mit hohen Auftriebswerten und gutmütigem Langsamflugverhalten zu bauen. Die Tragflügel machen das Flugzeug gleichzeitig um die so genannte Längsachse (siehe Bild 4.1) stabil (Querstabilität), während die Querruder Bewegungen des Flugzeugs um diese Achse ermöglichen (Bild 4.3 – vgl. Abschnitt B „Aerodynamik und Fluglehre").

Die Landeklappen an den Tragflügeln erfüllen in erster Linie den Zweck, die Anfluggeschwindigkeit vor der Landung zu reduzieren und den Auftrieb während dieser Phase des Fluges zu erhöhen.

1.2 Das Heckleitwerk

Das Heckleitwerk eines Flugzeugs besteht aus der so genannten **Höhenflosse mit dem Höhenruder** (Höhenleitwerk) und der **Seitenflosse mit dem Seitenruder** (Seitenleitwerk). Es sorgt für die Stabilität des Flugzeugs um die Querachse (Längsstabilität) und um die Hochachse (Kursstabilität) im Fluge (siehe Bild 4.1). Das Höhenruder hinter der Höhenflosse ermöglicht Bewegungen des Flugzeugs um die Querachse; das Seitenruder hinter der Seitenflosse macht das Flugzeug um die Hochachse steuerbar (siehe Bild 4.4 und 4.9 – vgl. Abschnitt B „Aerodynamik und Fluglehre").

1.3 Der Rumpf

Der Rumpf des Flugzeugs dient nicht nur der Unterbringung von Gepäck, Besatzung und Passagieren, sondern ist als größtes Bauelement auch **Träger aller anderen Hauptbauteile**. Die Struktur des Rumpfes ist so ausgelegt, dass er alle während des Fluges **auftretenden Kräfte** aufnehmen kann. Im Inneren des Rumpfes sind alle Flug- und Triebwerküberwachungseinrichtungen, das Triebwerk selbst, die Elektronikausrüstung (Funk und Navigation), alle Instrumente und andere Ausrüstungsgegenstände (z. B. Rettungsausrüstung) untergebracht.

1.4 Das Antriebssystem (Triebwerk und Propeller)

Das Antriebssystem bei fast allen modernen Sport- und Reiseflugzeugen besteht aus dem **Triebwerk** (meistens einem luftgekühlten Otto-Motor mit **Vergaser** oder **Einspritzsystem**) und dem **Propeller** (Luftschraube), der über eine Welle vom Motor angetrieben wird. Viele unserer Sport- und Reiseflugzeuge sind mit einem Verstellpropeller mit konstanter Drehzahl (Constant-Speed-Verstellpropeller) ausgerüstet, um während jeder Phase des Fluges die beste Leistung zu erzielen.

1.5 Das Fahrwerk

Das Fahrwerk eines Flugzeugs soll nicht nur das Rollen auf dem Boden ermöglichen, sondern dient auch als Stoßdämpfer bei der Landung. Es besteht aus dem **Hauptfahrwerk,** einem **Bug- oder Heckrad** (heute meistens Bugrad) und einem – meist hydraulischen – **Bremssystem** mit Scheibenbremsen.

B Aerodynamik und Fluglehre

2 Kräfte, die auf ein Flugzeug während des Fluges einwirken

Auf ein Flugzeug wirken im Horizontalflug ohne Beschleunigung vier Kräfte ein:

- Der **Auftrieb** als eine nach oben wirkende Kraft;
- Die **Schwerkraft** oder das **Gewicht** als eine nach unten, zum Erdmittelpunkt hin, wirkende Kraft;
- Der **Schub** als eine nach vorne, in Flugrichtung, wirkende Kraft;
- Der **Widerstand** als eine entgegen der Flugrichtung, nach hinten wirkende Kraft.

Der Auftrieb hebt während des Fluges die Schwerkraft (das Gewicht) auf, und der Schub des Propellers wirkt dem durch den Fahrtwind verursachten Widerstand entgegen (Bild 2.1).

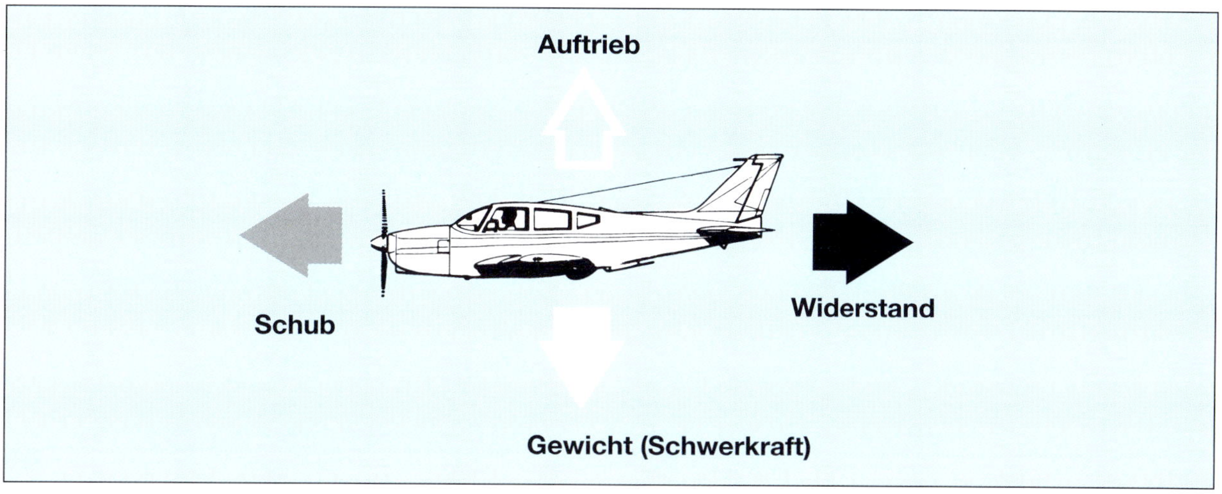

Bild 2.1 Verhältnis der Kräfte im Horizontalflug

Obwohl diese vier Kräfte in jeder Fluglage auf ein Flugzeug einwirken, wollen wir der Einfachheit halber zuerst nur deren Verhältnis zueinander im Horizontalflug behandeln.

Merke: Horizontalflug ist dann gegeben, wenn ein Flugzeug in einer konstanten Höhe und Richtung fliegt.

Der Schwerkraft (Gewicht) und dem Widerstand unterliegen alle Körper, die von der Erde abgehoben und durch die Luft bewegt werden. Schub und Auftrieb hingegen sind künstlich erzeugte Kräfte, die die natürlichen Kräfte Schwerkraft und Widerstand überwinden und so den Flug mit einem Flugzeug, das schwerer als Luft ist, ermöglichen. Das Triebwerk (Motor) und der Propeller erzeugen den zur Überwindung des Widerstands nötigen Schub, während die Tragflügel am Flugzeug so ausgelegt sind, dass sie den für die Überwindung der Schwerkraft notwendigen Auftrieb erzeugen können.

Im Horizontalflug (ohne Beschleunigung) ist der Auftrieb gleich der Schwerkraft und der Schub gleich dem Widerstand. Jede Abweichung vom Gleichgewicht der Kräfte „Auftrieb und Schwerkraft" resultiert in einem Übergang vom Horizontalflug in den Steig- oder Sinkflug. Jede Abweichung vom Gleichgewicht der Kräfte „Schub und Widerstand" während des Horizontalfluges resultiert entweder in einer Beschleunigung oder Geschwindigkeitsabnahme, bis die beiden Kräfte wieder ausgeglichen sind. Bevor wir uns weiter mit diesen vier Kräften beschäftigen, müssen wir uns mit einigen Begriffen und Ausdrücken vertraut machen, die in diesem Abschnitt noch häufig auftauchen werden:

a) Tragflügelprofile

Tragflügelprofile sind aerodynamische Vorrichtungen, die günstige Reaktionen in Bezug auf Auftrieb und Widerstand zeigen, wenn sie von Luft umströmt werden. Wir wollen solche Profile in diesem Abschnitt als auftriebserzeugende Vorrichtungen am Flugzeug betrachten. Tragflügel, Höhenflossen, Seitenflossen und Luftschraubenblätter (Propellerblätter) sind Beispiele für auftriebserzeugende Profile. Um die Sache etwas leichter zu gestalten, wollen wir die Seitenansicht eines solchen Profils für die weitere Betrachtung heranziehen. Die Tragflügelprofile der meisten Flugzeugmuster, die wir als Privatflugzeugführer fliegen, sehen so aus wie in Bild 2.2 dargestellt.

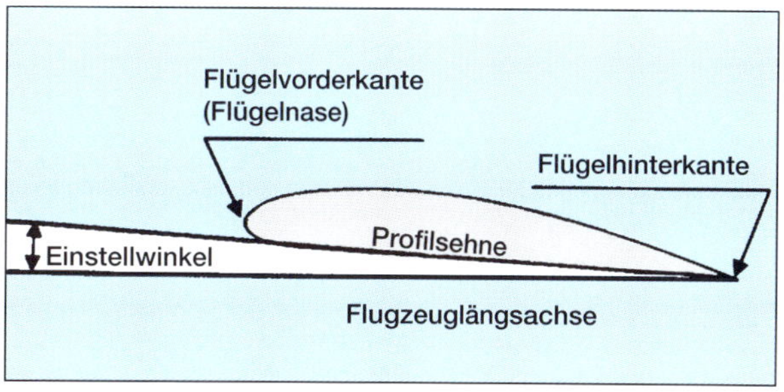

Bild 2.2 Seitenansicht eines Profils mit Bezeichnungen

Der vordere Teil des Tragflügelprofils ist abgerundet und wird Flügelvorderkante genannt (Flügelnase). Der hintere Teil des Profils ist schmal, läuft am Ende spitz zusammen und wird **Flügelhinterkante** genannt. Eine Bezugslinie, die oft bei der Diskussion von Profilen verwendet wird, ist die **Profilsehne.** Die Profilsehne ist die Verbindungsgerade zwischen den beiden tiefsten Punkten des Profils. Es ist die wichtigste Linie am Profil und wird auch als Profilbezugslinie bezeichnet und als solche bei Winkelangaben verwendet. (Bild 2.2).

b) Der Einstellwinkel
Der Einstellwinkel ist der Winkel, der durch die **Flugzeuglängsachse und die Profilsehne** gebildet wird. Die Flugzeuglängsachse ist eine imaginäre Gerade, die sich längs durch den gesamten Rumpf vom Bug (Nase) bis zum Heck (Schwanz) des Flugzeugs erstreckt (Bild 2.2).

Merke: Der Einstellwinkel wird vom Konstrukteur des Flugzeugs festgelegt und lässt sich grundsätzlich nicht verändern!

c) Luftströmung am Tragflügelprofil
Bewegt sich nun ein Flugzeug durch die Luft unserer Atmosphäre, so werden die Tragflügel – und natürlich auch die anderen Teile – vom Fahrtwind umströmt. Der gleiche Effekt kann aber auch am Boden auftreten, wenn der Wind über die Oberfläche des Flugzeugs strömt. Beim Start, also bis zum Zeitpunkt des Abhebens, unterliegt das Flugzeug einer Kombination von zwei verschiedenen Luftströmungen – nämlich dem durch die Bewegung verursachten Fahrtwind und dem eigentlichen Wind (in Bewegung geratene Luftmassen unserer Atmosphäre). **Aus diesem Grund sollen Flugzeuge immer gegen den Wind starten und landen!** Während des Fluges jedoch erzeugt nur die Bewegung des Flugzeugs die für den Auftrieb erforderliche **Luftströmung am Tragflügelprofil** – jetzt haben Richtung und Geschwindigkeit des eigentlichen Windes keinen Einfluss mehr auf die am Tragflügel vorbeiströmende Luft (Fahrtwind). Der Wind unserer Atmosphäre, durch die wir uns ja nun bewegen, wirkt sich nur noch auf die Bewegung des Flugzeugs gegenüber der Erdoberfläche aus (vgl. Band 4 A, Flugnavigation).

Die Anblasrichtung des Tragflügelprofils durch den Fahrtwind oder die Richtung der Luftströmung in Bezug auf das Profil verläuft **immer parallel zum Flugweg,** den das Flugzeug gegenüber der Luft zurücklegt, egal ob es sich um Horizontal-, Steig- oder Sinkflug handelt (Bild 2.3).

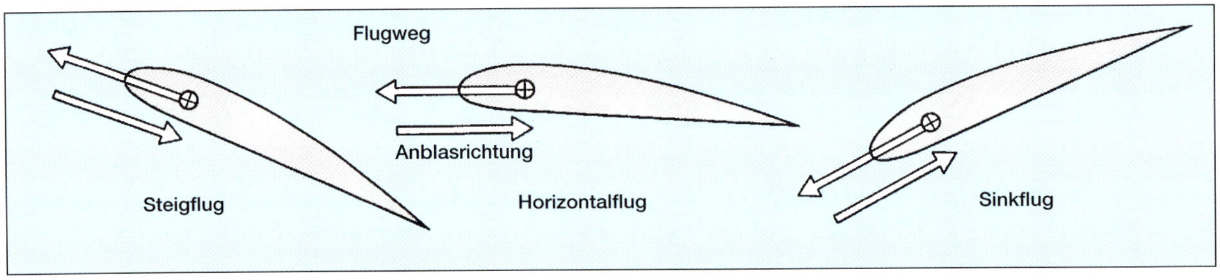

Bild 2.3 Verhältnis zwischen Flugweg und Anblasrichtung

Merke: Während des Fluges wird die Anblasrichtung des Tragflügelprofils (Strömungsrichtung) immer vom tatsächlichen Flugweg des Flugzeugs gegenüber der Luft bestimmt. Die Anblasrichtung verläuft immer parallel zum Flugweg in entgegengesetzter Richtung!

d) Der Anstellwinkel
Der Anstellwinkel ist der Winkel, der durch die **Profilsehne** und die **Anblasrichtung des Profils** gebildet wird (oder der Winkel zwischen der Profilsehne und dem tatsächlichen Flugweg des Flugzeugs gegenüber der Luft). In Bild 2.4 werden verschiedene Anstellwinkel im Horizontalflug dargestellt.

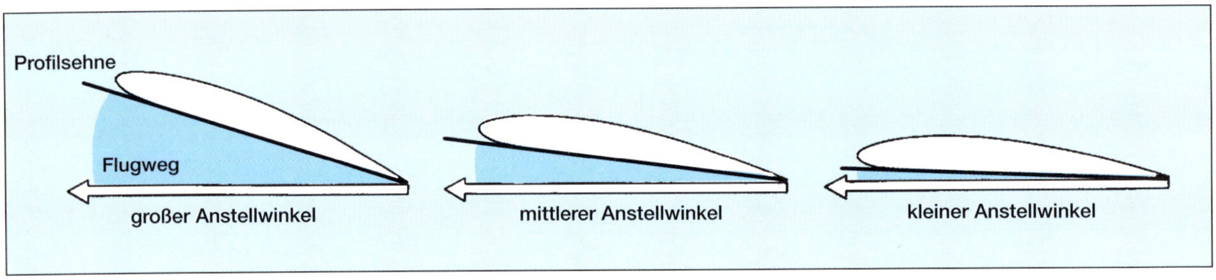

Bild 2.4 Anstellwinkel

Dieser so genannte Anstellwinkel darf nicht mit dem unter **b)** behandelten Einstellwinkel verwechselt werden, der ja vom Konstrukteur des Flugzeugs bei der Entwicklung des Tragflügelprofils festgelegt wird und den **„spezifischen Anstellwinkel"** darstellt, bei dem das Verhältnis zwischen Auftrieb und Widerstand am günstigsten ist. Wenn z. B. der Einstellwinkel 3 Grad sein soll, wird der Tragflügel am Rumpf so befestigt, dass der Winkel zwischen Flugzeuglängsachse und Profilsehne 3 Grad beträgt.

Merke: Der Einstellwinkel ist nicht zu verändern, während der Anstellwinkel jederzeit durch Betätigung des Höhenruders vom Flugzeugführer geändert werden kann und auf der Anblasrichtung des Profils (oder dem tatsächlichen Flugweg gegenüber der Luft) basiert (Bild 2.5).

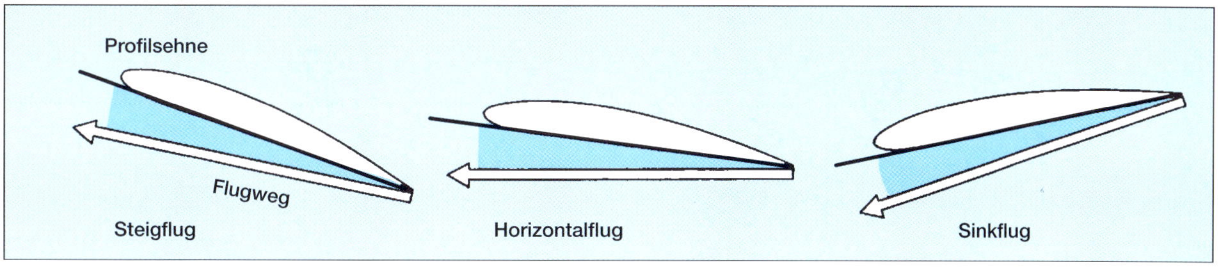

Bild 2.5 Anstellwinkel und Anblasrichtung

Der Anstellwinkel basiert immer auf der Anblasrichtung oder dem tatsächlichen Flugweg des Flugzeugs gegenüber der Luft.

e) Das Gesetz von Bernoulli

Um nun zu verstehen, wie der Auftrieb am Flugzeug – speziell am Tragflügel – zustande kommt, müssen wir uns zuerst mit einer Entdeckung des Wissenschaftlers Daniel Bernoulli aus dem Jahre 1738 befassen, die später das **Gesetz von Bernoulli** genannt wurde. Er stellte nämlich fest, dass der Druck einer Flüssigkeit oder eines Gases dort vermindert wird, wo die Strömungsgeschwindigkeit sich erhöht. Mit anderen Worten: Bernoulli stellte fest, dass innerhalb einer Flüssigkeit oder eines Gases – in unserem Falle der Luft – **hohe Strömungsgeschwindigkeit** mit **niedrigem Druck** (Unterdruck) und **kleine Strömungsgeschwindigkeit** mit **hohem Druck** (Überdruck) verbunden sind.

Dieses Gesetz wurde zuerst dazu benutzt, Druckdifferenzen in einer Flüssigkeit, die durch ein Rohr mit variierendem Querschnitt strömt, zu demonstrieren. **Im Bereich des größeren Querschnitts** des immer enger werdenden Rohres strömt die Flüssigkeit mit relativ **kleiner Geschwindigkeit**, erzeugt aber einen hohen Druck (Überdruck). Im **engen Bereich** des Rohres, das man in der Fliegerei auch **Venturi-Rohr** nennt, muss nun die gleiche Menge der Flüssigkeit durchströmen. Hier **erhöht sich** deshalb die **Strömungsgeschwindigkeit** und der **Druck nimmt bemerkenswert ab.** Es entsteht ein Unterdruck (Bild 2.6).

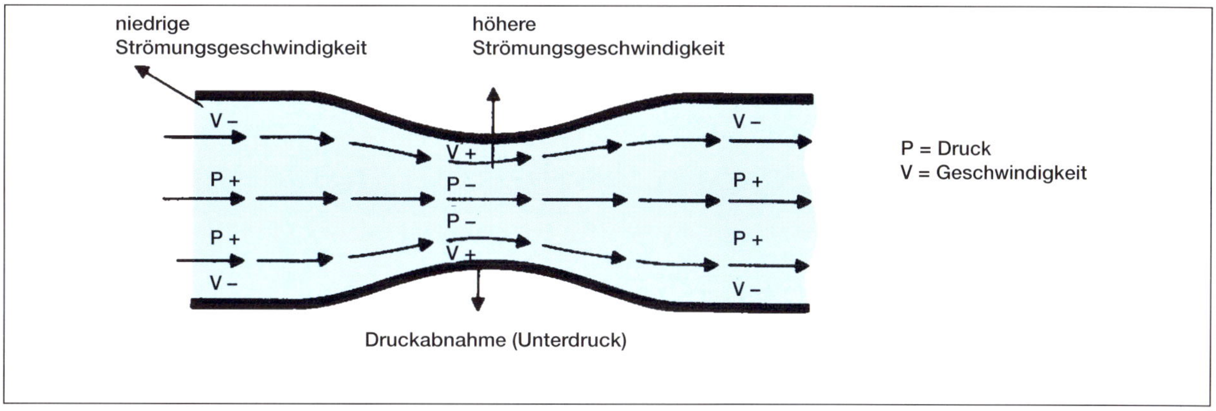

Bild 2.6 Luft strömt durch ein Venturi-Rohr.

Eine für uns wichtige Anwendung dieses Phänomens finden wir bei der **Auftriebserzeugung am Tragflügelprofil** wieder. Ein solches Profil ist so ausgelegt, dass die Luftströmung oberhalb des Profils durch eine Wölbung beschleunigt wird. Dadurch entsteht auf der **Oberseite** des Profils ein **Gebiet niedrigen Drucks** (Unterdruck). Gleichzeitig bewirkt das Auftreffen der Luftströmung auf der **Unterseite** des Profils eine **Druckzunahme** unterhalb des Tragflügels (Bild 2.7 und 2.8).

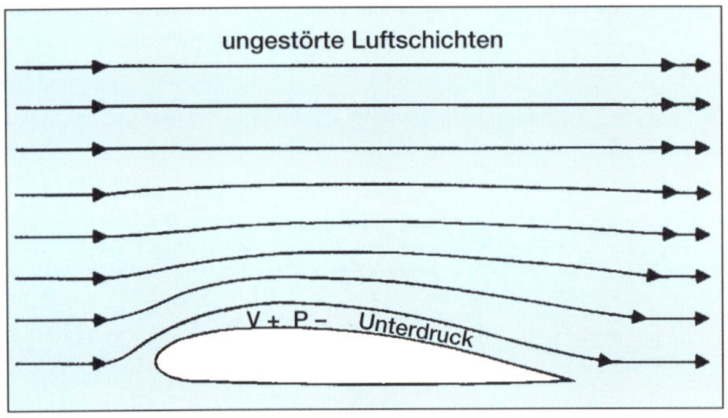

Bild 2.7 (V = Geschwindigkeit P = Druck)
Die Wölbung des Profils und die ungestörten Luftschichten wirken wie die Verengung im Venturi-Rohr.

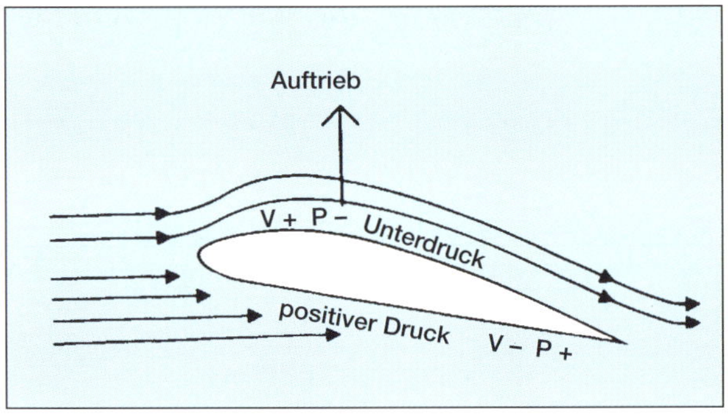

Bild 2.8 (V = Geschwindigkeit P = Druck)
Die Druckdifferenz zwischen der Ober- und Unterseite des Profils erzeugt eine senkrecht nach oben gerichtete Kraft, den Auftrieb (siehe auch Bild 2.9).

2.1 Der Auftrieb

Sie haben sicher schon einmal Ihre Hand aus dem Fenster eines fahrenden Autos gehalten. Wenn Sie Ihre Hand dann etwas schräg gegen den Fahrtwind anstellten, bemerkten Sie, dass die Hand von der entgegenströmenden Luft nach oben gezwungen wurde. Das Profil (in diesem Falle Ihre Hand) lenkte die Luftströmung (Fahrtwind) ab und erzeugte an der Unterseite des Profils (Handunterseite) einen konstanten und entgegengesetzt zur Fahrtrichtung wirkenden dynamischen Druck, der nach oben und gleichzeitig nach hinten wirkte. Die nach oben wirkende Komponente dieser Kraft ist der **Auftrieb** und die nach hinten wirkende Komponente der **Widerstand.**

Am Tragflügel wird der Auftrieb durch ein **Gebiet hohen Drucks** an der Unterseite und ein **Gebiet niedrigen Drucks** an der gewölbten Oberseite des Profils erzeugt. Diese Druckdifferenz zwischen Ober- und Unterseite des Tragflügelprofils wirkt (wie in Bild 2.9 dargestellt) als Auftriebskraft nach oben und besteht ungefähr zu **zwei Dritteln** aus **Sogkräften** (Unterdruck) und zu **einem Drittel** aus **Druckkräften.**

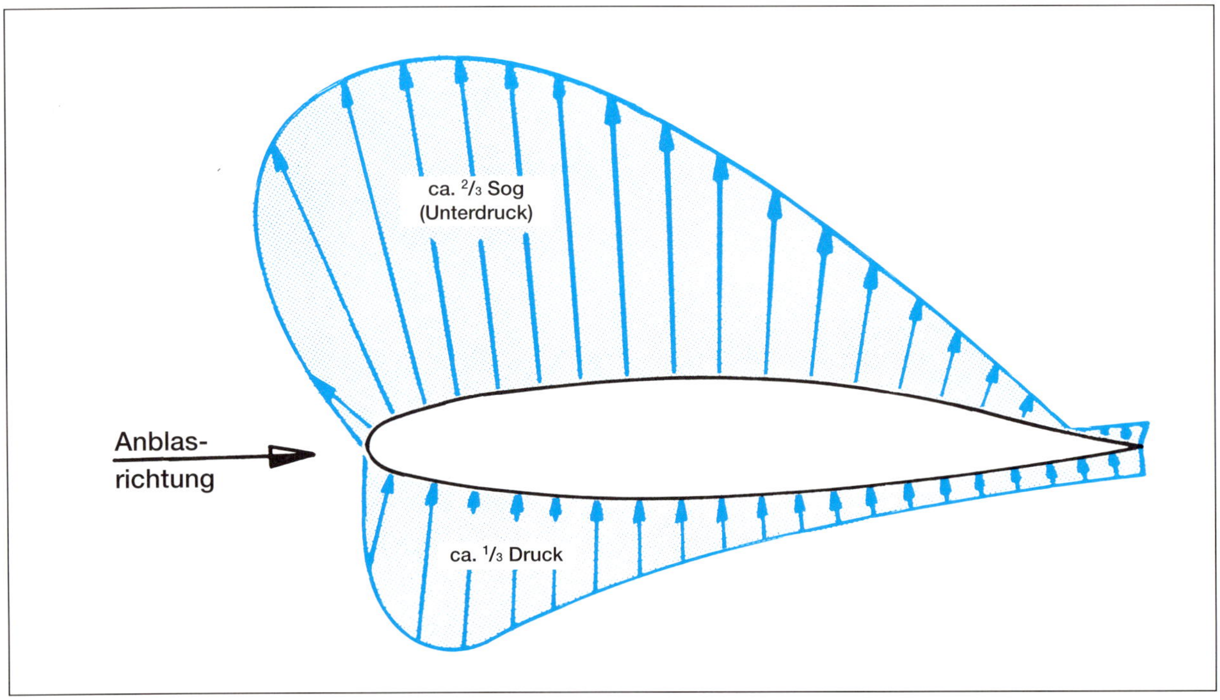

Bild 2.9 Auftrieb am Tragflügel

Der Auftrieb am Tragflügel besteht zu ungefähr zwei Dritteln aus Sogkräften oberhalb und einem Drittel aus Druckkräften unterhalb des Profils. Die Pfeile in Bild 2.9 zeigen die ungefähre Größe und Richtung dieser Kräfte an.

2.1.1 Die Theorie des Auftriebs an Flügelprofilen

Wie eben ausgeführt, spielt die Druckverteilung am Flügelprofil für den Auftrieb eine wichtige Rolle. Sie hängt ursächlich von der Geschwindigkeitsverteilung bei der Profilumströmung ab. Eine Auftriebskraft kann man erhalten, wenn man außerdem annimmt, dass die Strömung das Bestreben hat, um das Flügelprofil herum zu zirkulieren.

Der oben erwähnte Druckunterschied zwischen Ober- und Unterseite des Tragflügels hat zur Folge, dass die Luft von der Profilunterseite nach der Sogoberseite strebt und zwar sowohl an der Profilnase (Bild 2.11 a und Bild 2.11 b), als auch am hinteren Profilende.

Die über das Profilende nach oben strebende Luft wird von der ihr entgegenkommenden Luft abgedrängt und bildet den so genannten **Anfahrwirbel,** der gleich nach seinem Entstehen „abschwimmt" (Bild 2.10 und Bild 2.11 b).

Die von der Profilnase über die Profiloberseite kommende Luftkomponente kehrt beim Umströmen des Profilendes ihre Richtung um und kehrt an der Profilunterseite nach vorne zurück. An der Profilnase gelangt sie wieder auf die Oberseite und schließt sich zur **„Zirkulation"** (Kreislauf, Darstellung in Bild 2.11 c).

Bild 2.10 Entstehen der Zirkulation und Anfahrwirbel eines Tragflügels im Rauchkanal

Die Zirkulation (Bewegungskomponente) bleibt während des ganzen Fluges bestehen, solange die Strömung am Profil anliegt. Das Ergebnis ist im Bild 2.11 d und Bild 2.12 dargestellt.

An der Profiloberseite wird die relative Luftgeschwindigkeit V_o um die Zirkulationsgeschwindigkeit Z vermehrt auf $(V_o + Z)$. An der Profilunterseite wird die relative Luftgeschwindigkeit V_u vermindert auf $(V_u - Z)$.
(V = relative Luftgeschwindigkeit, Z = Zirkulationsgeschwindigkeit).

Das Ergebnis ist im Bild 2.12 deutlich dargestellt. Durch die Zirkulation verschiebt sich der Staupunkt (S) nach unten, ferner verstärken sich der Druck und der Sog nach oben.

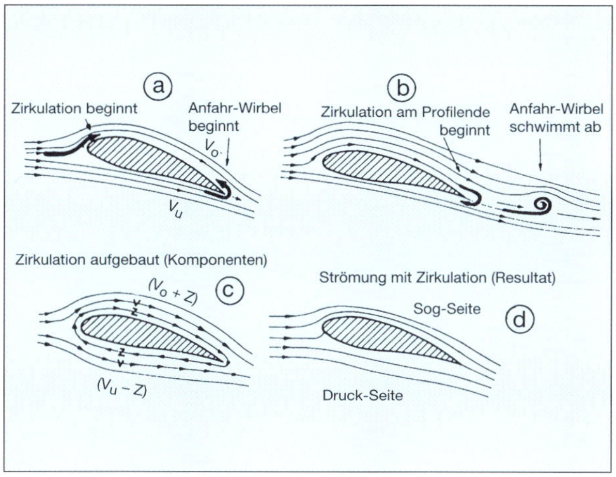

Bild 2.11 Die Entstehung der Zirkulation

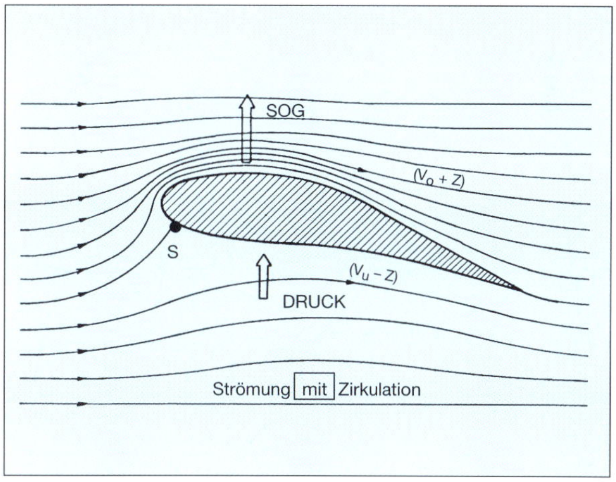

Bild 2.12 Die Profilströmung mit Zirkulation

2.2 Der Widerstand

Während des Fluges treten am Flugzeug zwei Grundarten von Widerstand auf – nämlich der **Flügelwiderstand** und der so genannte **schädliche (parasitäre) Widerstand.**

Die Einteilung der Widerstände

a) Flügelwiderstand	– Formwiderstand, auch Druckwiderstand genannt	W_D
	– Reibungswiderstand, auch Grenzschichtwiderstand genannt	W_R
	– Induzierter Widerstand, auch Randwiderstand genannt	W_I
b) Schädlicher Widerstand (parasitärer Widerstand)	– Nebenwiderstand, auch Restwiderstand genannt	W_N
	– zusätzlicher Widerstand, auch Interferenzwiderstand genannt	W_Z

Um Ihnen ein paar Anhaltspunkte für den Luftwiderstand an verschiedenen Körpern zu geben, haben wir in Bild 2.13 einige Körperformen mit kreisrundem Querschnitt und entsprechenden Widerstandsbeiwerten dargestellt:

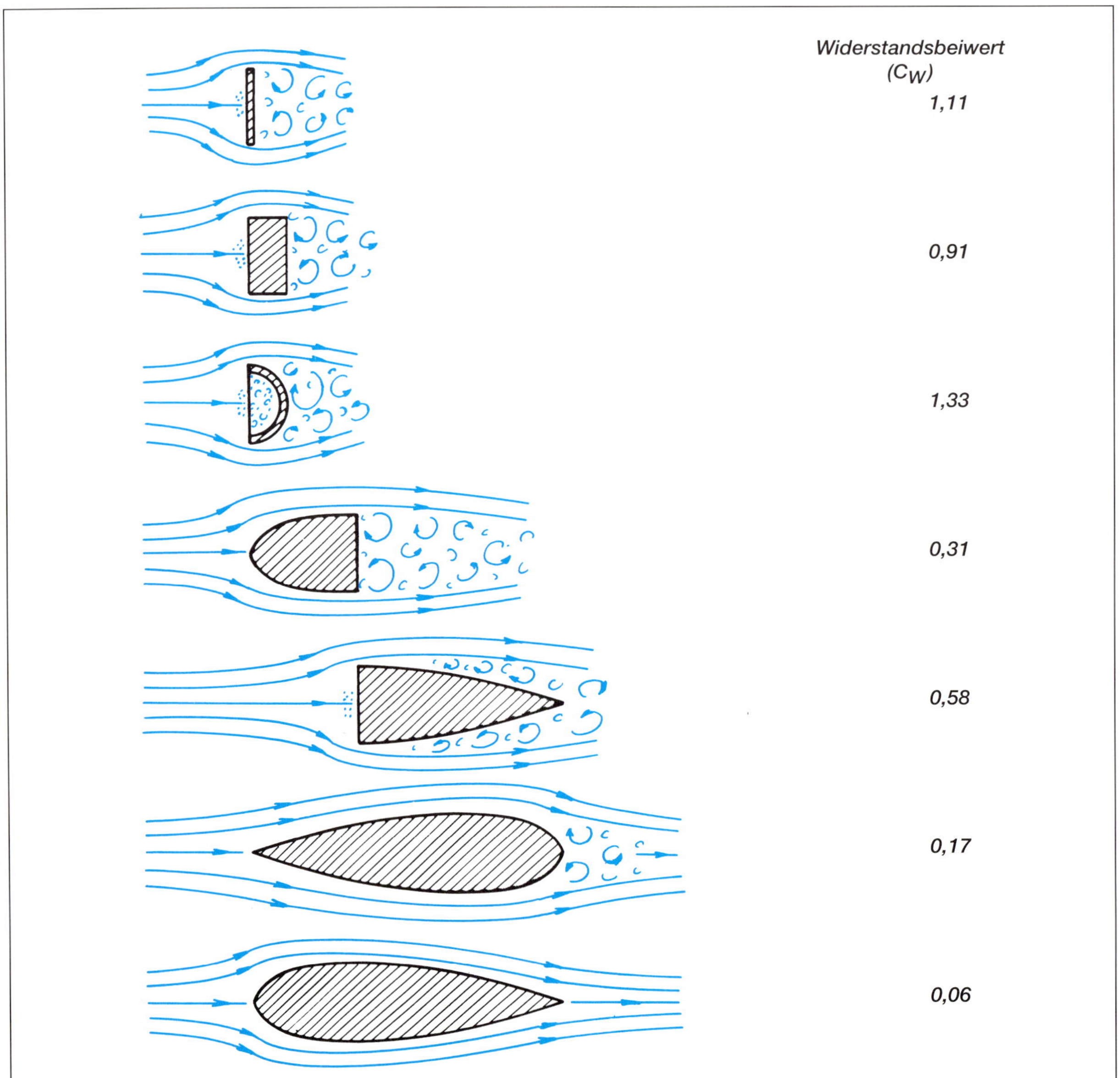

Bild 2.13 Luftwiderstand an verschiedenen Körperformen mit kreisrundem Querschnitt

2.2.1 Der Flügelwiderstand

a) Der Formwiderstand

Der **Formwiderstand** entsteht durch das Auftreffen der anströmenden Luft an den Frontpartien des Flugzeugs. Die Größe des Widerstandes ist von folgenden Faktoren abhängig:

c_W = **Widerstandsbeiwert** (Form und Stellung des Körpers gegen die Luftströmung)

q = **Staudruck der Luftströmung** (ergibt sich aus der Geschwindigkeit im Quadrat (V^2) und der Dichte der Luftströmung)

F = **Größe der Körperfläche des angeströmten Körpers in m^2**

Daraus ergibt sich folgende Formel zur Berechnung des **Widerstands (W):** $W = c_W \cdot q \cdot F$

Die **Auftriebsformel** baut sich ähnlich auf: $A = c_a \cdot q \cdot F$

c_a = **Auftriebsbeiwert** (ergibt sich aus Form und Stellung des Körpers gegen die Luftströmung).

b) Der Reibungswiderstand

Der **Reibungswiderstand,** wird durch Adhäsion der Luftteilchen unmittelbar an der Außenhaut des Flugzeugs verursacht. Sie haften zäh an der Oberfläche und die Strömung in dieser so genannten **Grenzschicht** wird dadurch stark verlangsamt. Je weiter die Luftströmung von dieser Grenzschicht entfernt ist, umso weniger unterliegt sie der Adhäsion (Anhaften oder Reibung). Selbst bei polierter Oberfläche des Flugzeugs kann ein gewisser Reibungswiderstand nicht vermieden werden, er kann jedoch durch diese Methode (Wachsen und Polieren) auf einen erträglichen Wert reduziert werden. Schon wenige Millimeter über der Oberfläche hört der Reibungseinfluss innerhalb der Grenzschicht ganz auf zu wirken. Diese Grenzschicht – die Luftströmung unmittelbar an der Außenhaut – kann nun **laminar** oder **turbulent** sein. Das spielt besonders an den Tragflügeln, die den Auftrieb während des Fluges erzeugen, eine wichtige Rolle. Hier sollte die Strömung **laminar** sein, das heißt, sie sollte **gleichmäßig und parallel zum Profil verlaufen,** um den besten Auftrieb und den geringsten Widerstand zu erzeugen. **Unebenheiten** am Tragflügelprofil verursachen eine **turbulente Grenzschichtströmung (Wirbel),** verringern so den Auftrieb unter Umständen erheblich und erhöhen den Widerstand.

Merke: Die Höhe des Reibungswiderstands ist von der Oberflächenbeschaffenheit des Flugzeugs abhängig. Deshalb vor dem Start Regentropfen, Schnee oder Reifbelag unbedingt entfernen!

c) Der induzierte Widerstand

Der induzierte Widerstand wird durch die Auftriebserzeugung am Tragflügel hervorgerufen. Aufgrund des Druckunterschieds zwischen der Tragflügelober- und -unterseite versucht der hohe Druck auf der Unterseite des Profils sich mit dem Unterdruck auf der Oberseite auszugleichen. Die Luft unter dem Tragflügel neigt dazu, von der Flügelwurzel zum Flügelende (Randbogen) abzuströmen. Wenn sie den Randbogen am Flügelende erreicht, wälzt sie sich horizontal (wie in Bild 2.14 dargestellt) zur Oberseite des Profils hin nach innen und erzeugt so genannte **Randwirbel**, die in Form von **Wirbelschleppen** hinter dem Flugzeug hergezogen werden und den **induzierten Widerstand** verursachen.

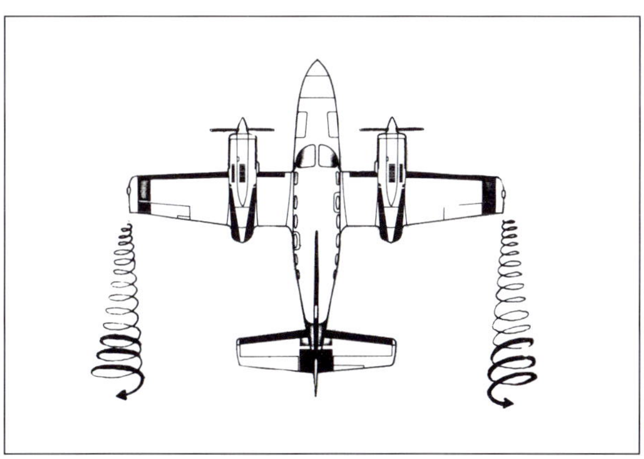

Bild 2.14 Randwirbel erzeugen den induzierten Widerstand.

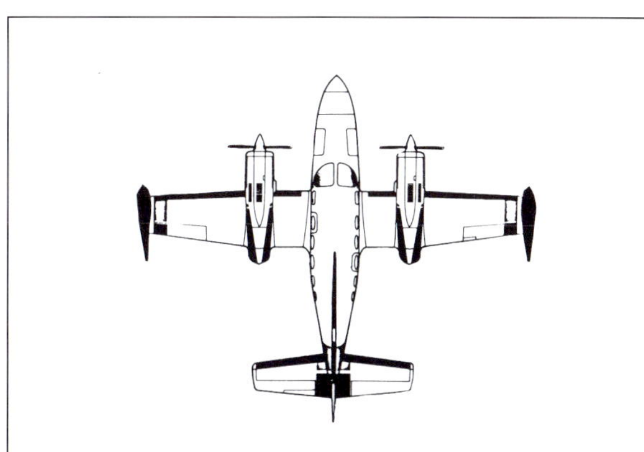

Bild 2.15 Flugzeug mit Zusatztanks in Form von Randkeulen, die den induzierten Widerstand verringern

Auch hinter dem Tragflügel gleicht sich der hohe Druck der Unterseite mit dem Unterdruck der Oberseite des Profils aus. Aufgrund der Trägheit der Luftteilchen bleibt hier jedoch kurzzeitig die Luftdruckverteilung erhalten. Dann fällt der Druckunterschied aber zusammen. Auf der Flügelunterseite besteht eine Strömungstendenz nach außen, auf der Flügeloberseite hingegen ist die Luft bestrebt nach innen zum Rumpf hin zu strömen. Diese verschiedenen Strömungstendenzen auf der Unter- und Oberseite des Profils bleiben auch erhalten, wenn der hohe Druck und der Unterdruck sich hinter dem Flügel auszugleichen versuchen. Die Luft gerät deshalb auch hier (hinter dem Tragflügel) in eine drehende Bewegung und erzeugt **Wirbel** um Achsen, die **parallel zur Flugrichtung** verlaufen.

Der **induzierte Widerstand** kann durch Anbringung von so genannten **Endscheiben** oder **Randkeulen** verringert werden. Bei vielen Flugzeugen werden die Flächenenden mit **keulenartigen Kraftstofftanks** versehen, um diesen Effekt zu erzielen (Bild 2.15).

Die Randwirbel oder **Wirbelschleppen** – vor allem von Großraumflugzeugen – stellen eine potenzielle Gefahr für andere Luftfahrzeuge dar und sind leider nicht sichtbar. Wären sie zu sehen, so würden sie wie zwei **horizontale Tornados** von den Randbögen ausgehend hinter dem Flugzeug erscheinen. **Diese heftigen, sich schnell drehenden Luftwirbel erstrecken sich meilenweit hinter einem großen Flugzeug. Sie sind besonders stark ausgeprägt, wenn ein solches Flugzeug mit ausgefahrenen Klappen zur Landung anschwebt oder startet.**

2.2.2 Der parasitäre (schädliche Widerstand)

Der parasitäre (schädliche) Widerstand ist jeder Widerstand, der nicht durch die Auftriebserzeugung am Tragflügel hervorgerufen wird und untergliedert sich in den **Interferenzwiderstand** und **Neben- bzw. Restwiderstand.** Wenn ein Körper von Luft angeströmt wird, bilden sich abhängig von der Form des Körpers mehr oder weniger stark ausgeprägte Strömungslinien und Verwirbelungen (Strömungsablösungen). Das Bild 2.16 zeigt Ihnen die Luftströmung an einem normalen Flugzeugreifen während des Fluges. Wie Sie sehen entstehen hinter dem Reifen mehr Wirbel als vor dem Reifen. An dem verkleideten Reifen in Bild 2.17 liegt die Strömung hingegen glatt an und die Verwirbelung ist auf ein Minimum reduziert – Fazit: Der Luftwiderstand, hier der Nebenwiderstand, ist geringer!

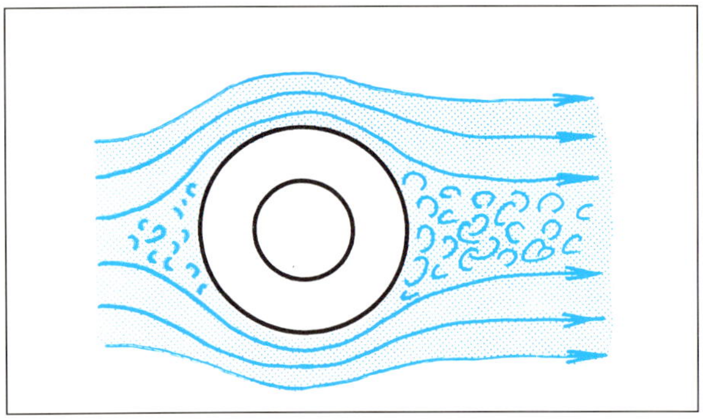

Bild 2.16 Luftströmung an einem Flugzeugreifen – unverkleidet

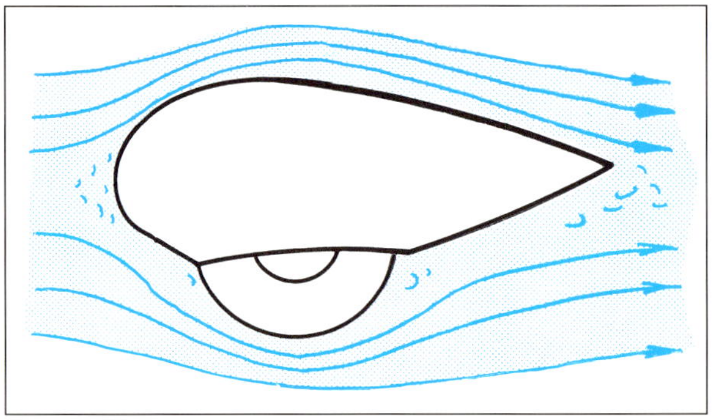

Bild 2.17 Luftströmung an einem Flugzeugreifen mit Stromlinienkörperverkleidung

Bei unseren Flugzeugen versucht man den schädlichen (parasitären) Widerstand weitgehend durch stromlinienförmige Verkleidung der Flugzeugteile zu verringern. Als Beispiel sei das Einziehen des Fahrwerks nach dem Start genannt, das eine Widerstandsverringerung von ca. 18 % im Verhältnis zum gesamten Formwiderstand ausmacht. Der Luftwiderstand am Flugzeug wächst bei zunehmender Geschwindigkeit im Quadrat. **Das bedeutet, dass bei verdoppelter Geschwindigkeit der Widerstand auf das Vierfache des ursprünglichen Wertes anwächst!** Die zur Überwindung dieses Widerstandes nötige **Antriebsleistung (Triebwerkleistung)** kann man mit der **Formel Geschwindigkeit (V) x Widerstand (W)** ermitteln. Daraus ergibt sich bei Verdoppelung der Geschwindigkeit (und Vervierfachung des Widerstands), dass die Antriebsleistung achtmal höher sein muss als vorher.

Eine andere Form des schädlichen Widerstands entsteht durch Strömungsinterferenz (Störung der Strömung durch Wirbelbildung) an verschiedenen Stellen des Flugzeugs, insbesondere dort, wo die Tragflügel am Rumpf befestigt sind (Flügelwurzel) und am Heckleitwerk. Diese Übergänge zum Rumpf, das Fahrwerk, Verstrebungen, Leitwerk usw. verursachen durch Wirbelbildung den so genannten **Interferenzwiderstand** (Strömungsinterferenz). Da sich diese Wirbel je nach Lage gegenseitig beeinflussen können, ist der Gesamtwiderstand eines Flugzeugs immer größer als die Summe der Einzelwiderstände. Die Hersteller moderner Flugzeuge füllen die wirbelverursachenden Übergänge (zum Beispiel am Heckleitwerk oder an der Flügelwurzel) mit Verkleidungsmaterial aus, um eine glatte und weitgehend wirbelfreie Strömung zu erzielen. Der Interferenzwiderstand kann so erheblich reduziert werden.

2.3 Die Luftkraftresultierende

Alle an einem Tragflügelprofil wirkenden Luftkräfte lassen sich zu einer **Resultierenden** zusammenfassen, die **resultierende Luftkraft** oder **Luftkraftresultierende** genannt wird. Bisher befassten wir uns mit den verschiedenen Einzelkräften, die am Flugzeug während des Fluges entstehen. Nun wollen wir deren gemeinsame Wirkung bei verschiedenen Flugzuständen untersuchen.

Die so genannte Luftkraftresultierende hat eine bestimmte Größe, Richtung und Lage. Der Schnittpunkt dieser Kraftlinie mit der Profilsehne wird als **Druckpunkt** bezeichnet.

Bei kleinen Anstellwinkeln (z. B. im Horizontalflug) ist die Luftkraftresultierende vergleichsweise klein. Sie wirkt nach oben und im Verhältnis zum Auftrieb etwas nach hinten. **Der Druckpunkt liegt weit von der Flügelvorderkante aus nach hinten (Bild 2.18).**

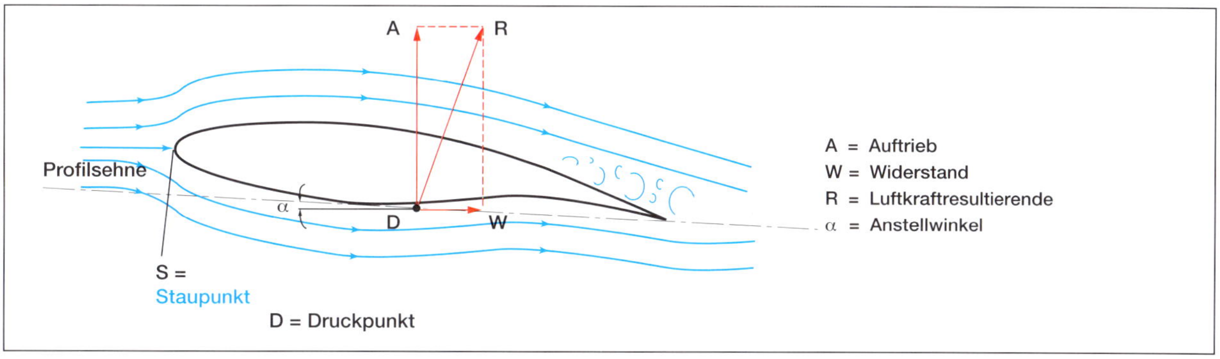

Bild 2.18 Die Luftkraftresultierende bei kleinen Anstellwinkeln

Bei mittleren Anstellwinkeln wird die Luftkraftresultierende größer. Sie wirkt nach oben und im Verhältnis zum Auftrieb mehr nach hinten. **Der Druckpunkt wandert in Richtung Flügelvorderkante nach vorne (Bild 2.19).**

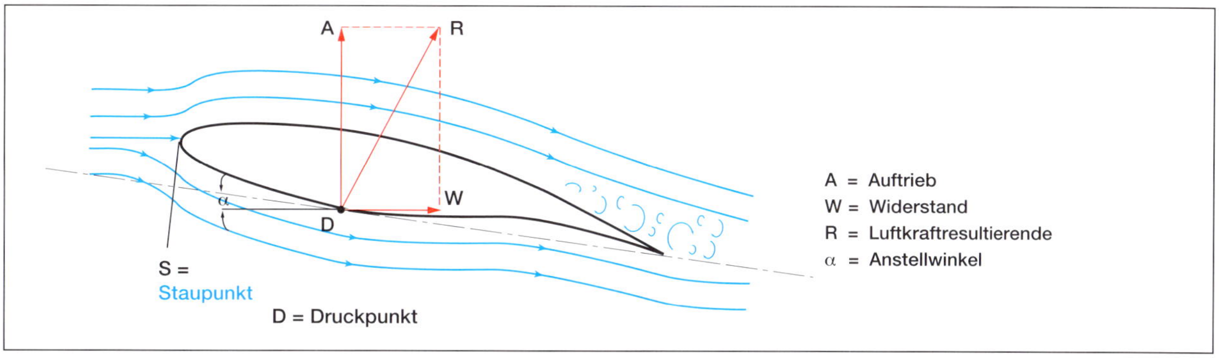

Bild 2.19 Die Luftkraftresultierende bei mittleren Anstellwinkeln

Bei großen Anstellwinkeln (kurz vor dem Strömungsabriss) ist die Luftkraftresultierende noch größer. Sie wirkt nach oben und im Verhältnis zum Auftrieb noch mehr nach hinten. **Der Druckpunkt wandert immer mehr zur Flügelvorderkante** und liegt jetzt ca. 20 bis 25 % im Verhältnis zur Flügeltiefe hinter ihr (Bild 2.20).

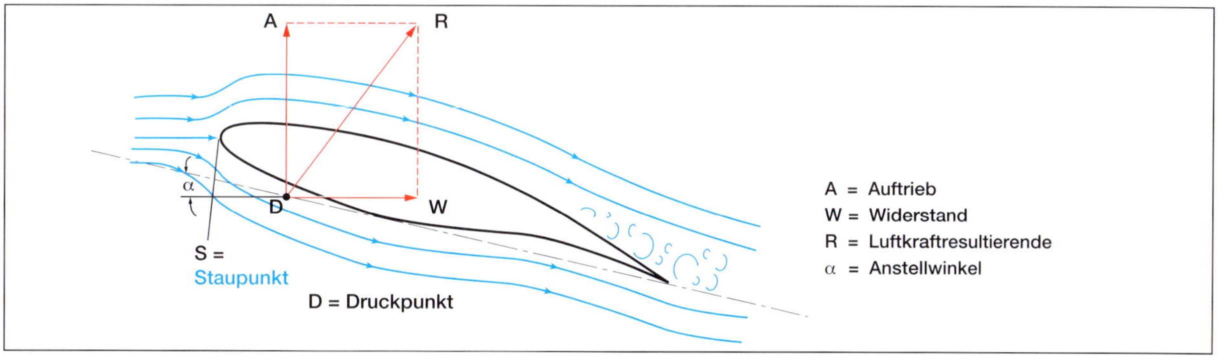

Bild 2.20 Die Luftkraftresultierende bei großen Anstellwinkeln

Wird der Anstellwinkel über den **Strömungsabriss** (Grenzschichtablösungspunkt) hinaus vergrößert, so verkleinert sich die Luftkraftresultierende, wirkt noch mehr nach hinten und es sind **nur noch Widerstandskräfte** vorhanden. **Der Auftrieb ist zerstört (gleich Null).** Der Druckpunkt bleibt dabei in der vordersten Position (ca. 20 bis 25 % hinter der Flügelvorderkante) und das Flugzeug befindet sich im **überzogenen Flugzustand**!

Wir haben gesehen, dass die Luftkraftresultierende sich aus den beiden Kräften **Auftrieb** (senkrecht nach oben) und **Widerstand** (entgegengesetzt zur Flugrichtung) zusammensetzt. Sie wirkt deshalb immer entgegen der Flugrichtung schräg nach oben. Im Horizontalflug, bei kleinen Anstellwinkeln (3°–5°), ist ihre nach hinten wirkende Komponente am geringsten, das heißt, sie wirkt in Bezug auf die Auftriebsrichtung (senkrecht nach oben) am wenigsten nach hinten.

Im **Kurvenflug** wird die Auftriebskraft in zwei Komponenten zerlegt, die im rechten Winkel (90°) zueinander verlaufen. Eine der beiden Komponenten kann horizontal zur Kurvenrichtung, entgegengesetzt zur nun wirksamen Zentrifugalkraft, gezeichnet werden. Die andere Komponente wirkt weiterhin senkrecht nach oben, entgegengesetzt zur Schwerkraft. Die horizontale Komponente dieser Kraft, die entgegengesetzt zur Zentrifugalkraft wirkt, zwingt das Flugzeug aus der gerade verlaufenden Flugrichtung in den Kurvenflug. **In einer sauber geflogenen Kurve muss diese Komponente gleich der Zentrifugalkraft sein, damit das Flugzeug nicht nach außen schiebt oder nach innen schmiert.**

Die im Kurvenflug wirksam werdende Zentrifugalkraft (zusätzlich zur Schwerkraft) muss durch **höheren Auftrieb** (höhere Fluggeschwindigkeit) ausgeglichen werden (vgl. auch Abschnitt D „Belastung und Lastvielfache"). Das Bild 2.21 zeigt die Kräfteverhältnisse in einer sauber geflogenen Kurve.

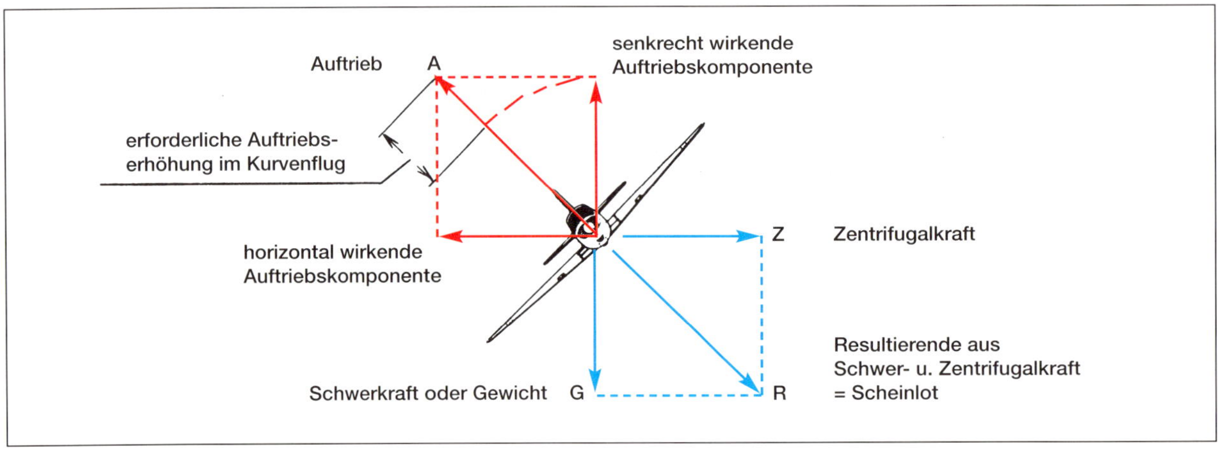

Bild 2.21 Kräfte im sauberen Kurvenflug

Ist bei einer nicht sauber geflogenen Kurve die horizontal wirkende Auftriebskomponente (entgegengesetzt zur Zentrifugalkraft) kleiner als die Zentrifugalkraft, so **schiebt** das Flugzeug nach außen. Das Bild 2.22 zeigt die Kräfteverhältnisse in einer solchen (unsauber geflogenen) Kurve.

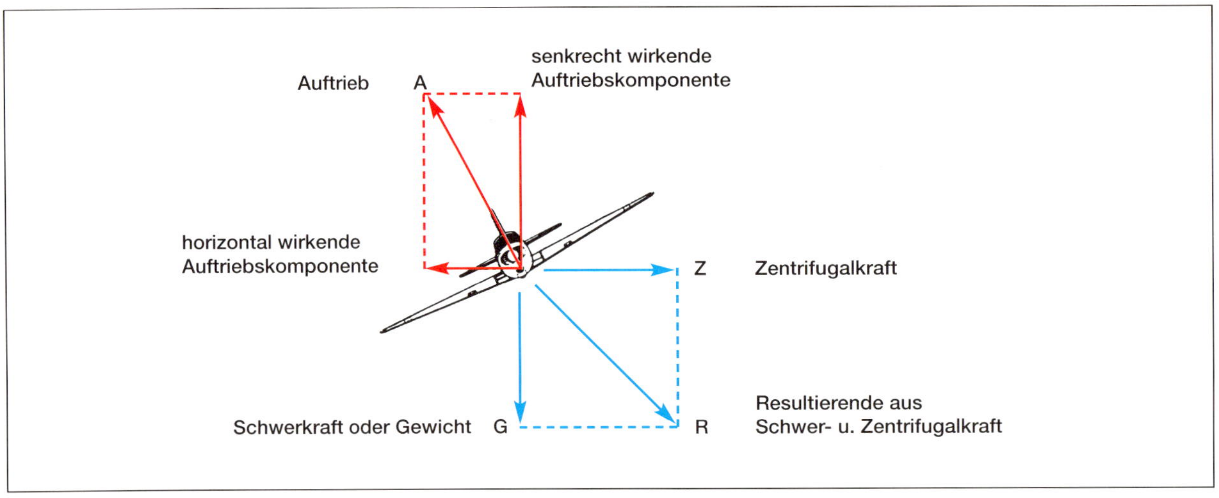

Bild 2.22 Zentrifugalkraft größer als horizontal wirkende Auftriebskomponente. Flugzeug **schiebt** nach außen (Kurve zu flach).

Wird die Querneigung (Schräglage) des Flugzeugs in einer Kurve zu gering gewählt, reicht die horizontal wirkende Komponente des Auftriebs nicht aus, um die Zentrifugalkraft auszugleichen. Ein Teil der Zentrifugalkraft bleibt erhalten und zwingt das Flugzeug nach außen (das Flugzeug „schiebt" nach außen). Gleichzeitig wird bei unveränderter Geschwindigkeit die senkrecht wirkende Komponente des Auftriebs größer als die Schwerkraft (das Gewicht des Flugzeugs) und **das Flugzeug „schiebt" nicht nur nach außen, sondern geht auch in den Steigflug über.**

Wird jedoch die Querneigung (Schräglage) des Flugzeugs in der Kurve zu groß, entsteht natürlich auch eine größere horizontal wirkende Auftriebskomponente, die die Zentrifugalkraft überwiegt. Gleichzeitig wird die senkrecht wirkende Auftriebskraft kleiner als die Schwerkraft (Gewicht des Flugzeugs). **Der Auftrieb zwingt nun das Flugzeug entgegen der Zentrifugalkraft nach innen (das Flugzeug „schmiert" nach innen) und es beginnt zu sinken,** da die Schwerkraft durch die senkrecht wirkende Auftriebskraft nicht mehr ganz ausgeglichen wird. Bild 2.23 zeigt Ihnen die Kräfteverhältnisse in einer solchen Kurve.

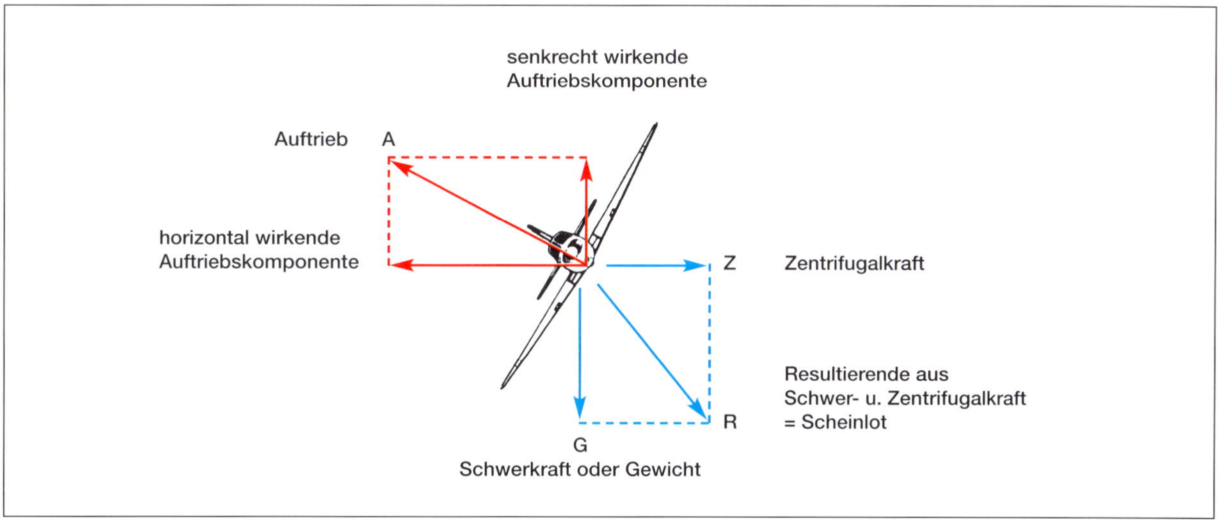

Bild 2.23 Horizontal wirkende Auftriebskomponente größer als Zentrifugalkraft. Flugzeug **schmiert** nach innen (Kurve zu steil).

Wollen wir ein Flugzeug aus dem **Sturzflug** abfangen, wirkt zusätzlich zur Schwerkraft (Gewicht des Flugzeugs) die durch die gekrümmte Flugbahn während des Abfangens entstehende Zentrifugalkraft auf das Flugzeug ein. Bei abruptem Abfangen kann so ein **Vielfaches der normalen Schwerkraft** (1 *g*) auftreten. Das Flugzeug ist bei solchen Flugmanövern großen Belastungen ausgesetzt (vgl. Abschnitt D „Belastung und Lastvielfache"). Die hierbei auftretenden starken, nach unten wirkenden Kräfte **(Schwerkraft plus Zentrifugalkraft)** müssen durch einen gleich großen Auftrieb ausgeglichen werden (Bild 2.24).

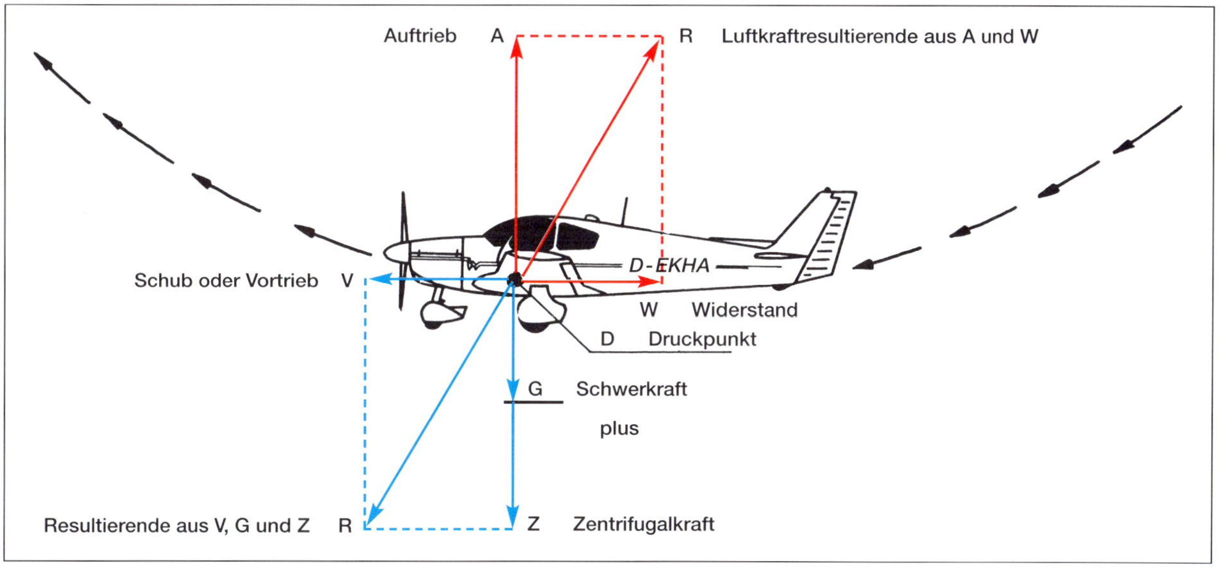

Bild 2.24 Kräfte beim Abfangen aus dem Sturzflug

Zuletzt wollen wir uns noch das Kräfteverhältnis am Flugzeug im **Horizontalflug** und während des **Gleitfluges (ohne Triebwerkleistung)** anschauen (Bild 2.25 und 2.26). Wie wir schon wissen, müssen im Horizontalflug bei konstanter Geschwindigkeit alle Kräfte (Schub/Widerstand und Auftrieb/Schwerkraft) im Gleichgewicht sein.

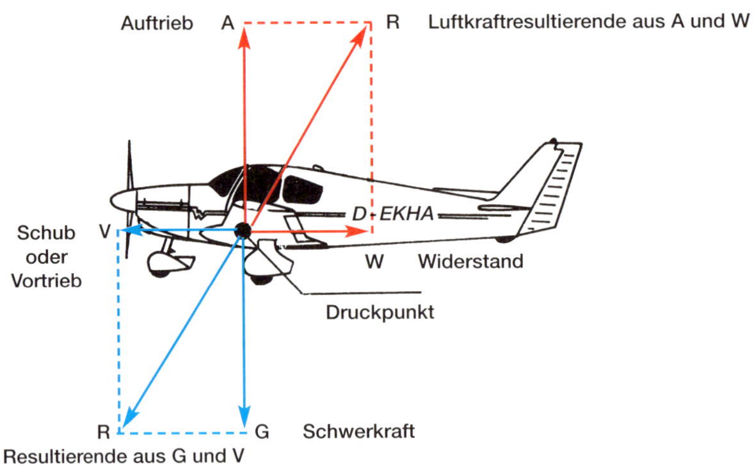

Bild 2.25 Kräfteverhältnis im Horizontalflug

Während des **Gleitfluges** (ohne Triebwerksleistung), zum Beispiel im Landeanflug oder wie es grundsätzlich bei Segelflugzeugen der Fall ist, neigt sich die Flugzeugnase (Bug) nach unten, um die nötige Geschwindigkeit beizubehalten. Die dazu erforderliche Kraft wird durch die in Flugrichtung wirkende Kraft des Flugzeuggewichts (Schwerkraft), oder besser ausgedrückt, durch die in Flugrichtung wirkende Komponente der Schwerkraft erzeugt, die nun anstelle des Propellerschubs den Luftwiderstand ausgleicht. Die zweite Komponente der Schwerkraft (Gewicht des Flugzeugs) wird durch den Auftrieb ausgeglichen (Bild 2.23).

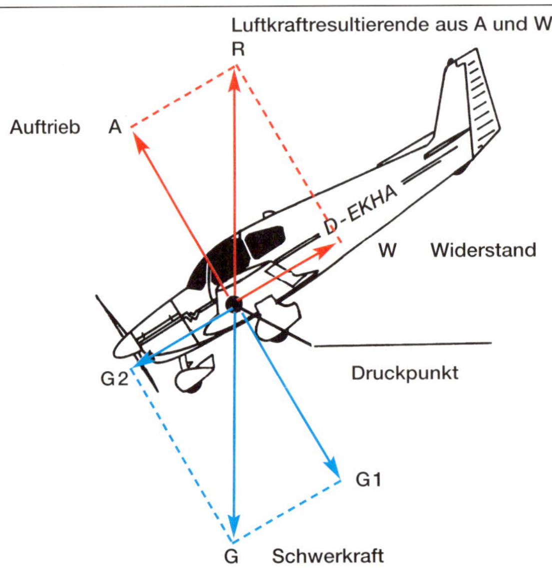

Bild 2.26 Kräfteverhältnis während des Gleitfluges (G1 und G2 sind Komponenten der Schwerkraft (G), die entgegengesetzt zum Auftrieb und Widerstand wirksam werden)

2.4 Beziehung zwischen Anstellwinkel und Auftrieb

Wie schon vorher erwähnt, ist der **Anstellwinkel der Winkel zwischen der Richtung der anströmenden Luft (Anblasrichtung) und der Profilsehne des Tragflügels.** Wenn dieser Anstellwinkel zum Beispiel 0° betrüge, so würde der Druck unterhalb des Tragflügelprofils gleich dem Druck der Atmosphäre sein und der gesamte Auftrieb würde durch den Unterdruck (Sog) auf der Oberseite des Profils erzeugt werden.

Bei sehr kleinen Anstellwinkeln würde die Druckzunahme (größer als Druck der Atmosphäre) unterhalb des Tragflügels so gering sein, dass immer noch der größte Teil des Auftriebs durch den Unterdruck (Sog) auf der Oberseite des Tragflügels erzeugt werden würde.

Wenn nun der **Anstellwinkel vergrößert** wird, nimmt der positive Druck auf der Unterseite des Tragflügels immer mehr zu. Gleichzeitig verringert sich der negative Druck (Sog) auf der Oberseite immer mehr (solange die Strömung der größer werdenden effektiven Wölbung des Tragflügels folgen kann), weil die effektive Wölbung des Tragflügels durch den vergrößerten Anstellwinkel zugenommen hat; die Luftströmung wird gezwungen einen noch größeren Weg auf der Oberseite des Profils zurückzulegen.

Nach dem Gesetz von Bernoulli muss die Luftströmung auf der Oberseite nun noch schneller fließen und bewirkt somit eine große Druckabnahme (Sog). Aus dieser Kombination der Druckzunahme unterhalb des Tragflügels und der Druckverringerung oberhalb desselben resultiert eine größere Druckdifferenz zwischen der Ober- und Unterseite. Aus dieser größer gewordenen Druckdifferenz (bei größeren Anstellwinkeln) ergibt sich eine größere nach oben wirkende Kraft, oder einfacher, **Auftrieb und Widerstand werden größer** (siehe Bild 2.6 und 2.7).

Vergrößern wir nun den Anstellwinkel auf ungefähr 16° – 20° (für die meisten Profile gültig), so kann die Luftströmung nicht länger als **laminare Grenzschichtströmung** der Oberseite des Profils folgen, weil eine zu große Richtungsänderung der Luftströmung erforderlich wäre. Sie wird jetzt gezwungen, vom oberen Punkt des Profils aus gerade nach hinten zu strömen. Das bewirkt eine Verwirbelung der Luftströmung auf der Oberseite des Profils, weil sie weiterhin dazu tendiert, der Oberfläche des Tragflügels zu folgen (Bild 2.27).

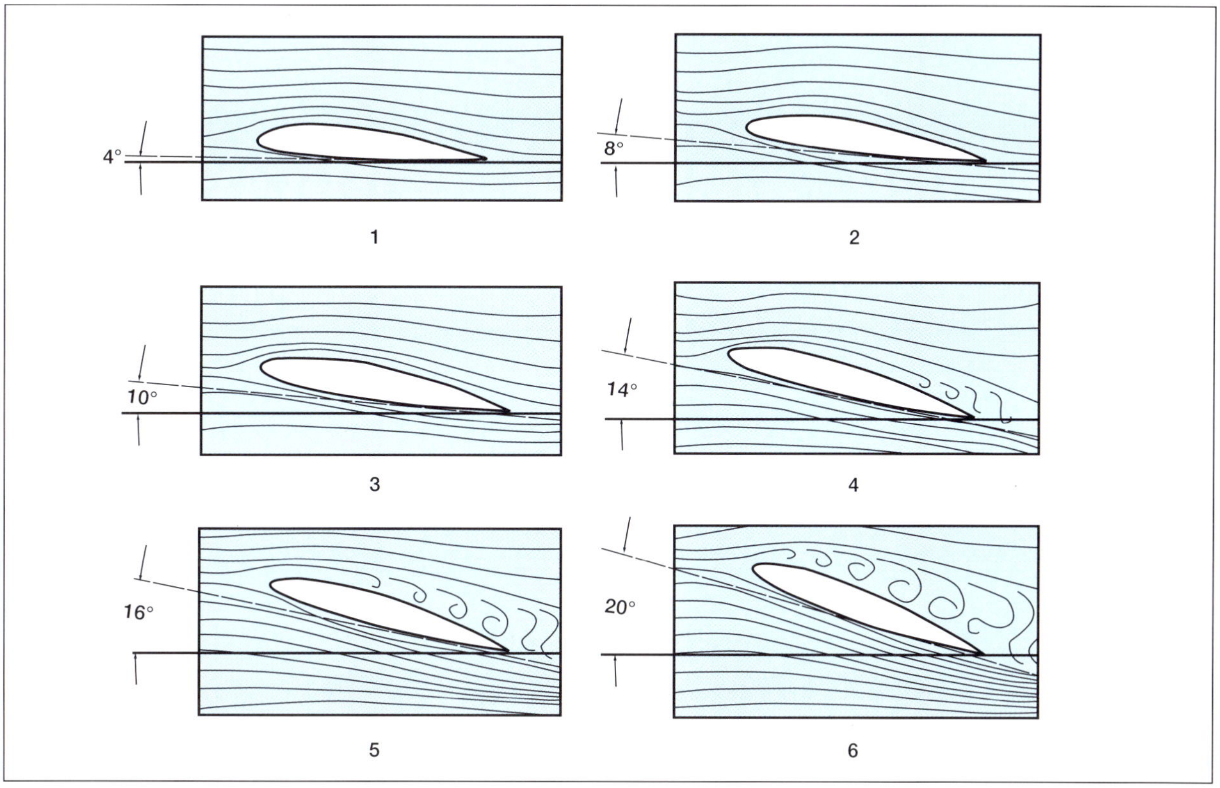

Bild 2.27 Luftströmung am Tragflügel bei verschiedenen Anstellwinkeln

Der Punkt, bei dem die Verwirbelung der Luftströmung – Grenzschichtablösung genannt – beginnt, wird in der Fachsprache **Grenzschichtablösungspunkt (Punkt der beginnenden Strömungsablösung)** genannt. An diesem Punkt breitet sich die turbulente Strömung – sie begann bei kleineren Anstellwinkeln in der Nähe der Flügelhinterkante – plötzlich über die gesamte Oberfläche des Tragflügels aus. **Das Flugzeug befindet sich nun im so genannten „überzogenen Flugzustand".** Kurz vor Erreichen dieses Punktes kann der Flugzeugführer im Allgemeinen ein leichtes bis mäßiges Schütteln oder Vibrieren des Flugzeugs wahrnehmen. **Wenn jetzt der Anstellwinkel über den Grenzschichtablösungspunkt (16° – 20° Grad) hinaus vergrößert wird, tritt der eben erwähnte überzogene Flugzustand ein.** Das Flugzeug verliert durch den plötzlich eingetretenen Auftriebsverlust und größeren Widerstand abrupt an Höhe oder stürzt ab, bis der Anstellwinkel wieder in den normalen Bereich zurückgeführt wird und wieder genügend Auftrieb an den Tragflächen erzeugt wird, weil die plötzliche Druckzunahme auf der Oberseite des Profils durch die turbulente Strömung einen ebenso plötzlichen Auftriebsverlust mit plötzlicher Widerstandserhöhung verursacht.

Merke: Ein Flugzeug kann bei jeder Geschwindigkeit und in jeder Fluglage überzogen werden. Es ist nur nötig, den Anstellwinkel entsprechend schnell bis zum Grenzschichtablösungspunkt zu vergrößern, so dass auf der Oberseite des Tragflügels die turbulente Strömung plötzlich einsetzt.

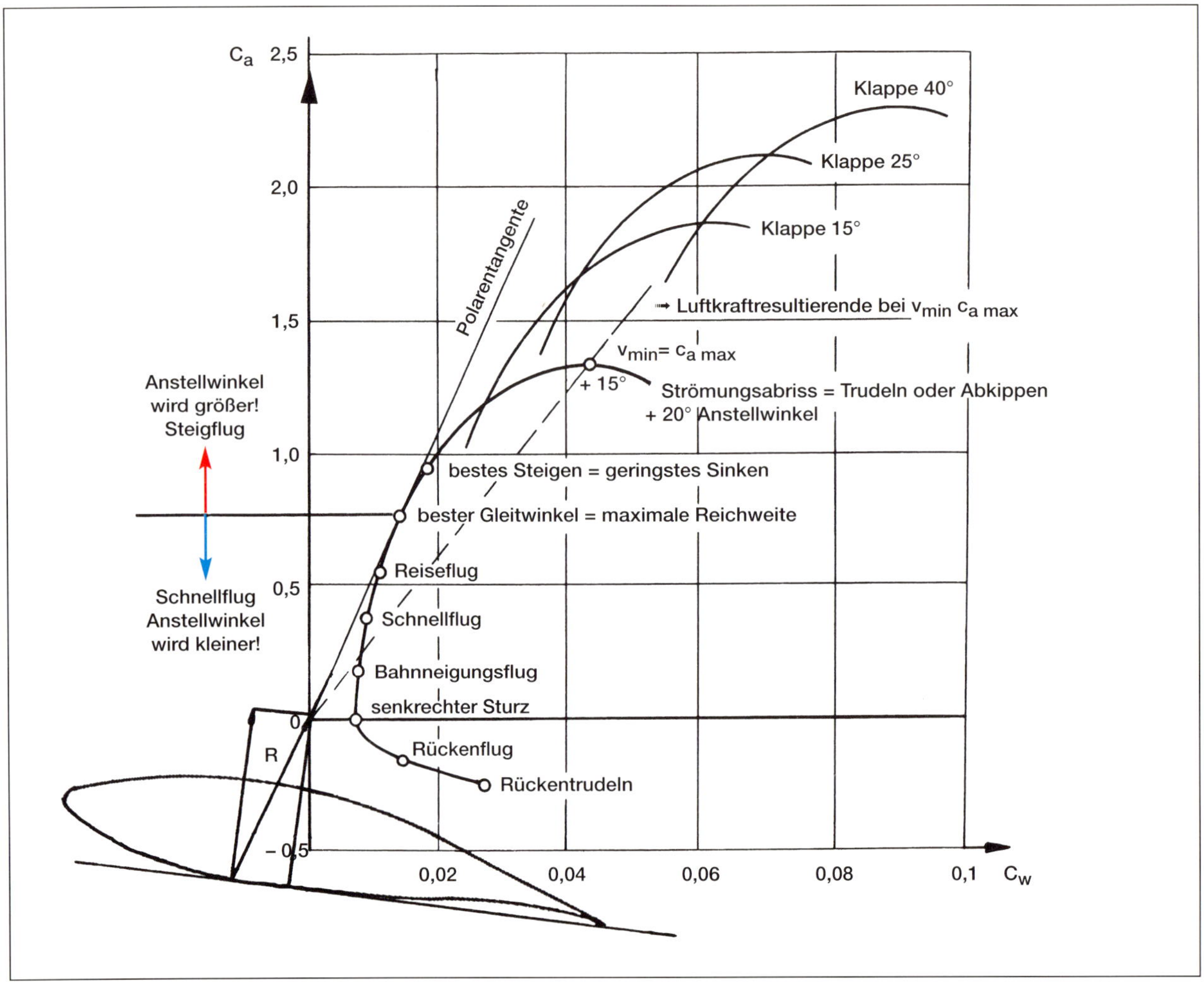

Bild 2.28 Polardiagramm von Otto Lilienthal (1848 – 1896)

Dem **Polardiagramm** (siehe Bild 2.28) lässt sich leicht entnehmen, dass bei größer werdenden Anstellwinkeln der Auftrieb erst sehr schnell und dann zwischen 10° und 14° sehr langsam zunimmt. **Bei Anstellwinkeln zwischen 16° und 20°** (kritischer Anstellwinkel) sinkt der Auftrieb plötzlich stark ab. In diesem Bereich gerät das Flugzeug in den überzogenen Flugzustand (oder es trudelt). Der Widerstand nimmt jedoch mit größer werdendem Anstellwinkel nur langsam zu, wächst aber zu dem Zeitpunkt, da der Auftrieb plötzlich absinkt, sehr stark an. Das Flugzeug befindet sich nun definitiv im „überzogenen Flugzustand", die Strömung am Tragflügel ist abgerissen und das Flugzeug verliert durch den Auftriebsverlust schnell an Höhe (kippt ab) oder gerät ins Trudeln.

Bringen wir vom Nullpunkt (Schnittpunkt der c_a-Achse mit der c_w-Achse) aus die **Tangente zur Kurve** an, so ergibt sich durch den Winkel zwischen Tangente und der Auftriebsachse (Senkrechte) der **kleinste (beste) Gleitwinkel,** der mit diesem Profil zu erreichen ist. Gleichzeitig können wir am Berührungspunkt der Tangente mit der Kurve den dazugehörigen Anstellwinkel und die Größe der Gleitzahl ermitteln (oder die entsprechenden Werte des Auftriebs und des Widerstands).

2.5 Beziehung zwischen Schub (Propellerschub) und Widerstand im Horizontalflug

Im Horizontalflug bei konstanter Geschwindigkeit sind Schub und Widerstand ausgeglichen (beide Kräfte haben die gleiche Größe). Wenn der Propellerschub im Horizontalflug erhöht wird (größere Drehzahl), übertrifft die Schubkraft die Widerstandskraft und die **Eigengeschwindigkeit (TAS = true airspeed)** nimmt zu, jedoch verursacht die Geschwindigkeitserhöhung auch eine erhebliche Widerstandserhöhung (der Widerstand wächst mit zunehmender Geschwindigkeit im Quadrat). Die Beschleunigung des Flugzeugs hält so lange an, bis die Schubkraft und die Widerstandskraft bei einer bestimmten Geschwindigkeit wieder gleich sind – dann fliegt das Flugzeug wieder in einer konstanten Geschwindigkeit. An irgendeinem Punkt (max. Reisedrehzahl) erreicht die Schubkraft des Propellers ihr Maximum. Die Eigengeschwindigkeit (TAS) des Flugzeugs erhöht sich entsprechend, bis das Verhältnis zwischen Schub und Widerstand wieder ausgeglichen ist und eine konstante Geschwindigkeit eingenommen wird. Das ist die **Höchstgeschwindigkeit des Flugzeugs im Horizontalflug.**

Wird der Propellerschub im Horizontalflug kleiner als der Widerstand, nimmt die Geschwindigkeit (TAS) so lange ab, bis die beiden Kräfte (Schub und Widerstand) wieder ausgeglichen sind. Wird die Eigengeschwindigkeit (TAS) natürlich zu klein, muss der Anstellwinkel, um die Höhe zu halten, immer größer gewählt werden und das Flugzeug gerät über den so genannten Langsamflug in den überzogenen Flugzustand.

Merke: Mit zunehmender Geschwindigkeit wächst der Widerstand im Quadrat zur Geschwindigkeit. Wenn wir also die Geschwindigkeit verdoppeln, wächst der Widerstand um das Vierfache an.

2.6 Beziehung zwischen Auftrieb und Schwerkraft im Horizontalflug

Der Auftrieb – die nach oben gerichtete Luftkraft am Tragflügel – wirkt immer rechtwinklig zur Flugrichtung (Anblasrichtung des Profils).

Im Horizontalflug wirkt der Auftrieb dem Gewicht (Masse) des Flugzeugs (der Schwerkraft) entgegen (beide Kräfte gleichen sich aus). Befinden sich Auftrieb und Schwerkraft (Gewicht bzw. Masse des Flugzeugs) im Gleichgewicht, so hält das Flugzeug seine Höhe bei. Wird der Auftrieb kleiner als die Schwerkraft (Gewicht bzw. Masse des Flugzeugs), geht das Flugzeug in den Sinkflug über. Wird jedoch der Auftrieb während des Horizontalfluges größer als die Schwerkraft, geht das Flugzeug in den Steigflug über. Wenn ein Flugzeug also einmal einen gleichmäßigen Steig- oder Sinkflug eingenommen hat, ist das Verhältnis der vier Kräfte (Schub/Widerstand und Auftrieb/Schwerkraft) nicht mehr, wie in Bild 2.1 dargestellt, ausgeglichen. Bei sehr kleinen Steig- oder Sinkflugwinkeln können wir jedoch in der Praxis davon ausgehen, dass der Auftrieb immer noch gleich dem Gewicht des Flugzeugs (Schwerkraft) ist.

3 Faktoren, die den Auftrieb und den Widerstand beeinflussen

Bei der Betrachtung dieses Problems müssen wir einige Faktoren beachten, die einen wichtigen Einfluss auf das Verhältnis zwischen Auftrieb und Widerstand haben. Das sind: **Flügelfläche** (in m^2), **Form des Tragflügelprofils (symmetrisch oder gewölbt), Anstellwinkel** und **Dichte der Luft, die über den Tragflügeln strömt.** Eine Änderung auch nur einer dieser Faktoren wirkt sich sofort auf den Auftrieb und den Widerstand und das Verhältnis zwischen den beiden Luftkräften aus.

Merke: Jede Auftriebserhöhung resultiert in einer Widerstandserhöhung!

3.1 Auswirkung der Flügelfläche auf Auftrieb und Widerstand

Der Auftrieb und der Widerstand am Tragflügel verhalten sich ungefähr proportional zur Flügelfläche. Das bedeutet, **wenn eine Flügelfläche verdoppelt wird** (Profil bleibt unverändert), **vergrößern sich Auftrieb und Widerstand ungefähr um das Doppelte.**

Die einzige Möglichkeit für den Flugzeugführer die Flügelfläche zu verändern, besteht darin, dass er **bestimmte Landeklappen (z. B. Fowlerklappen)** während des Fluges betätigt, die nach hinten und nach unten ausfahren und somit die Flügelfläche vergrößern. Die **gebräuchlichsten Landeklappenarten** können Sie dem Bild 3.1.a–e entnehmen.

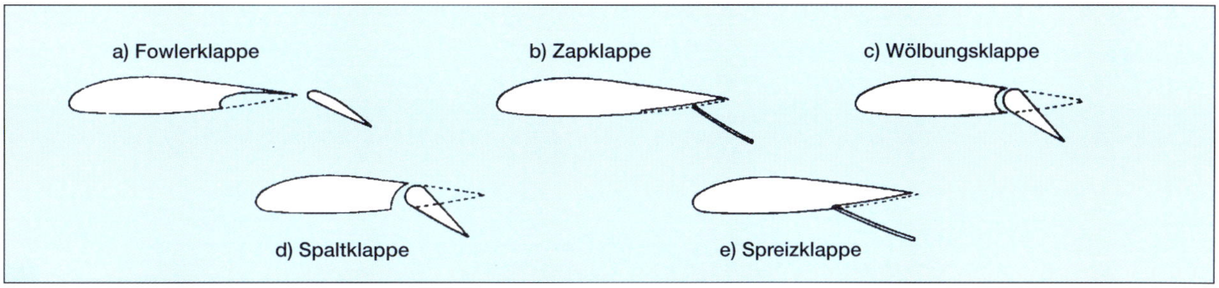

Bild 3.1 Die gebräuchlichsten Landeklappenarten (Fowler- und Zapklappen vergrößern die Flügelfläche)

zu a) Bei der **Fowlerklappe** wird eine wie ein kleiner Tragflügel aussehende Klappe aus dem Tragflügel nach hinten und unten ausgefahren. **Die Profilwölbung und die Tragflügelfläche werden vergrößert.**

zu b) **Die Zapklappe** ist eine verbesserte Ausführung der Spreizklappe (3.1.e). Hierbei wird nicht nur die Klappe von der Unterseite des Tragflügels nach unten abgewinkelt, sondern gleichzeitig mit ihrem Drehpunkt nach hinten ausgefahren. **Auch hier werden die Profilwölbung und die Flügelfläche vergrößert.**

zu c) **Die Wölbungsklappe** ist zwischen den Querrudern und dem Rumpf am hinteren Ende des Tragflügels angebracht und kann nur nach unten ausgefahren werden. **Die Profilwölbung lässt sich dadurch in diesem Bereich je nach Klappenstellung vergrößern.**

zu d) **Die Spaltklappe** hat die gleiche Wirkung wie die Wölbungsklappe. Sie kann nur nach unten ausgefahren werden und **ändert so die Profilwölbung beim Ausfahren im Klappenbereich des Tragflügels.**

zu e) **Bei der Spreizklappe wird ebenfalls das Profil im Klappenbereich geändert (die Wölbung wird vergrößert),** jedoch wird nicht ein Teil des Flügelendes, sondern nur ein Teil der Flügelunterseite nach unten ausgefahren. Sie hat im Wesentlichen die gleiche Wirkung, die mit der Wölbungsklappe erzielt wird.

Alle erwähnten Landeklappenarten erhöhen im ausgefahrenen Zustand den Auftrieb und ermöglichen einen größeren Anstellwinkel. Durch das Ausfahren der Klappen erhält das Profil eine größere Wölbung. **Daraus ergibt sich bei gleich bleibendem Anstellwinkel eine Auftriebs- und Widerstandserhöhung, die die Geschwindigkeit des Flugzeugs erheblich reduzieren (besonders wichtig im Landeanflug). Die Fluggeschwindigkeit kann so um 60–70 % verringert werden!**

Andere Start- oder Landehilfen sind die so genannten **Vor- und Spaltflügel** (Bild 3.2.a und b).

Bild 3.2 Spaltflügel und Vorflügel

Spaltflügel sind kleine Profile, die an der Flügelnase angebracht sind und beim normalen Flug fest in der Flügelnase anliegen. Wird der Anstellwinkel zu groß, fahren sie durch Sog- oder Federkraft so aus, dass sich ein Spalt zwischen Flügelnase und dem Spaltflügel bildet. Die durch den entstandenen Spalt strömende Luft wird beschleunigt und strömt mit erhöhter Geschwindigkeit über die Flügeloberseite. **Dadurch liegt die Strömung länger am Profil an und es wird trotz geringerer Fluggeschwindigkeit mehr Auftrieb erzeugt.**

Vorflügel sind hingegen fest an der Vorderkante des Profils angebracht, erfüllen aber den gleichen Zweck wie die Spaltflügel. **Auch hier wird die Luftströmung durch den Spalt beschleunigt und erhöht den Auftrieb bei größeren Anstellwinkeln im Langsamflug.**

Vor- und Spaltflügel werden besonders bei **Kurzstart- und Kurzlandeflugzeugen (STOL = short take-off and landing)** verwendet.

Ein weiterer Faktor, den der Flugzeugkonstrukteur bei der Auswahl des Tragflügels berücksichtigen muss, ist die **Flügelstreckung,** die neben der Flügelfläche eine große Rolle bezüglich der Flugleistung des entsprechenden Flugzeugs spielt. Die Flügelstreckung ergibt sich aus folgender Formel:

$$\textbf{Flügelstreckung} = \frac{\textbf{Spannweite}}{\textbf{Profiltiefe (mittlere Profiltiefe)}}$$

In Bild 3.3 finden wir zwei Tragflügel mit gleicher Flügelfläche, die jedoch eine recht unterschiedliche Flügelstreckung aufweisen. **Tragflügel A hat eine Gesamtspannweite von 960 cm** und eine **Profiltiefe von 120 cm** (mittlere Profiltiefe). Dividieren wir nun die Spannweite (960 cm) durch die Profiltiefe (120 cm), so ermitteln wir die **Flügelstreckung = 8.**

Tragflügel B hat eine Gesamtspannweite von 1 440 cm und eine **Profiltiefe von 80 cm** (mittlere Profiltiefe). Daraus ergibt sich die **Flügelstreckung = 18.** Dieser Tragflügel hat also bei gleicher Flügelfläche eine wesentlich größere Flügelstreckung als Tragflügel A. Flugzeuge, die in großen Höhen mit hoher Geschwindigkeit operieren sollen (U 2, Fernaufklärer für extreme Flughöhen), haben allgemein eine große Flügelstreckung, während andere Flugzeuge, die sehr wendig sein sollen, normalerweise eine kleine Flügelstreckung aufweisen.

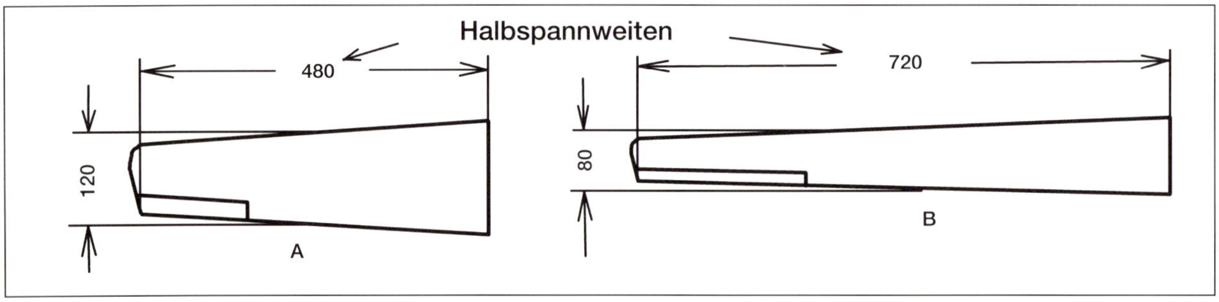

Bild 3.3 Flügelstreckung

3.2 Auswirkung der Profilform auf Auftrieb und Widerstand

Grundsätzlich müssen wir zwischen zwei auftriebserzeugenden Profilen unterscheiden:

a) dem orthodoxen Profil und

b) dem Laminarprofil

Die Dickenrücklage beschreibt die Lage der größten Profildicke in Prozent zur Profiltiefe.

Beim orthodoxen Profil liegt die **größte Profildicke bei ca. 30 % der Profiltiefe,** während sie **beim Laminarprofil ungefähr bei 60 % der Profiltiefe** liegt.

Das Bild 3.4 zeigt uns ein **Laminarprofil**, das auf der Ober- und Unterseite eine fast gleiche Profilwölbung hat und dessen größte Profildicke bei ca. 50 % der Profiltiefe liegt.

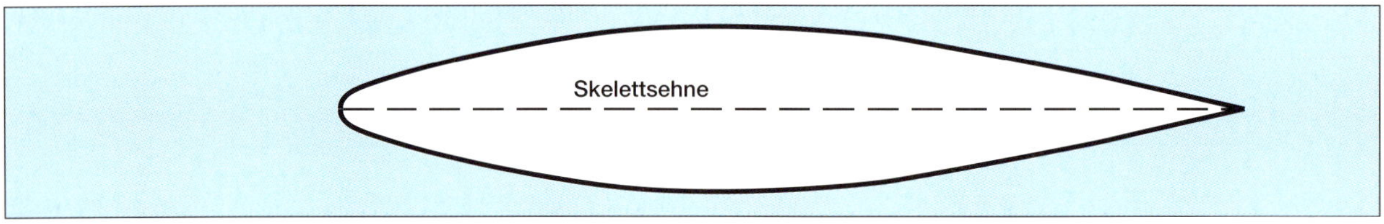

Bild 3.4 Laminarprofil

Der Vorteil eines solchen Profils ist klar zu erkennen. Es ist **widerstandsarm, weil die Grenzschicht länger** (als bei anderen Profilen) **laminar verläuft**. Die **Auftriebserzeugung** ist jedoch **aufgrund der geringen Geschwindigkeitsdifferenz der Luftströmung auf der Ober- und Unterseite des Profils nicht sehr groß.** Der erforderliche Auftrieb wird durch höhere Fluggeschwindigkeiten erzielt und deshalb verwendet man das **Laminarprofil** vorzugsweise **bei schnellen Reiseflugzeugen.** Im Langsamflug (z. B. Landeanflug) wird der Auftrieb dann durch **Spaltflügel- und Landeklappensysteme** erhöht (z. B. bei modernen Düsenverkehrsflugzeugen).

Orthodoxe Profile haben eine konvexe (nach oben gewölbte) Oberseite und eine konkave (nach innen gewölbte) Unterseite. Es sind Tragflügelprofile für **hohe Auftriebswerte**, die natürlich auch **größeren Widerstand** verursachen.

Vergrößert man also die Profilwölbung auf der Oberseite eines Tragflügels und gestaltet die Unterseite konkav, so **erhöht sich der Auftrieb durch die Druckdifferenz** (Geschwindigkeitsdifferenz der Luftströmung) **zwischen Oberseite und Unterseite des Profils** (Unterdruck auf der Oberseite/positiver Druck an der Unterseite; siehe Bild 3.5).

Dieses Profil ist natürlich für schneller fliegende Flugzeuge wegen des hohen Widerstands, den es erzeugt, nicht geeignet.

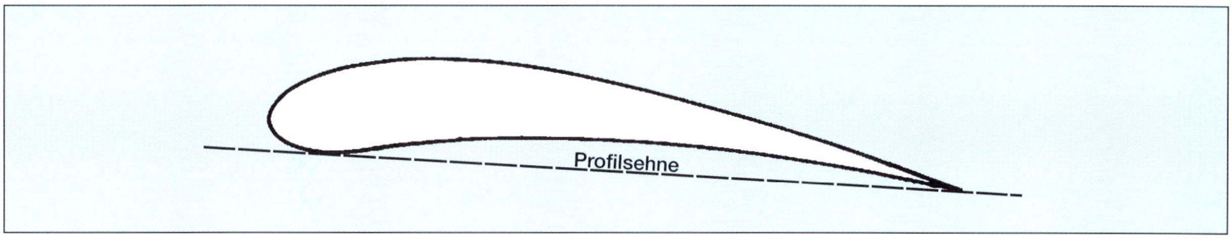

Bild 3.5 Orthodoxes Profil

Des Weiteren kennen wir noch **Profile mit gewölbter** (konvexer) **Oberseite und gerader oder fast gerader Unterseite**, die wir bei vielen modernen **Sport- und Reiseflugzeugen** wieder finden (Kompromiss zwischen Laminar- und gewölbtem Profil mit konkaver Unterseite, siehe Bild 3.6).

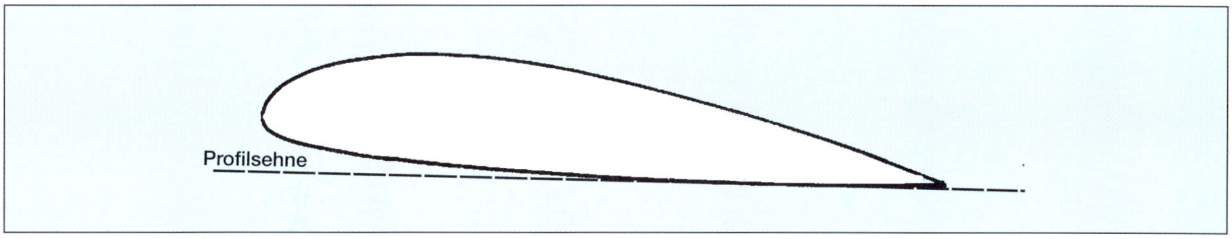

Bild 3.6 Profil mit gewölbter Oberseite

Tragflügel für hohe Auftriebswerte haben also eine große Wölbung auf der Profiloberseite und eine konkave Unterseite. Schon bei niedrigen Fluggeschwindigkeiten wird an solchen Profilen ein relativ großer Auftrieb erzeugt. **Ausgefahrene Landeklappen,** deren Wirkung wir ja schon kennen gelernt haben, besonders Fowlerklappen, bewirken eine Annäherung an diesen Zustand. **Sie vergrößern die Profilwölbung auf der Oberseite und gestalten die Unterseite des Profils konkav** (Bild 3.7).

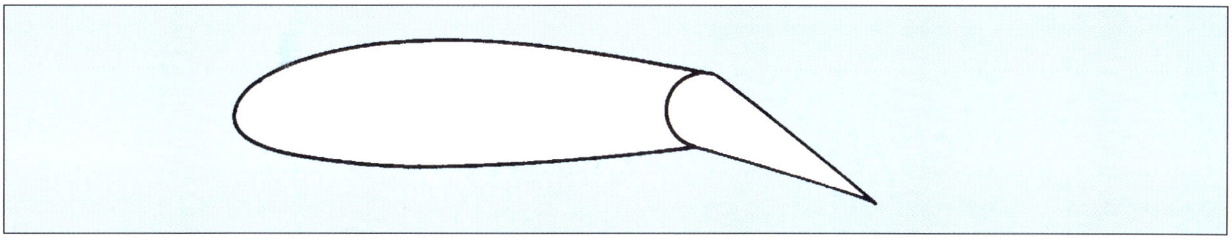

Bild 3.7 Ausgefahrene Landeklappen

Ein nach unten gestelltes Querruder bewirkt das Gleiche, indem es einem Teil des Tragflügels eine größere Profilwölbung gibt. **In beiden Fällen erhöht sich natürlich auch der Widerstand**. Ein nach oben gestelltes Querruder reduziert den Auftrieb, indem es an einem Teil des Tragflügels die Profilwölbung verkleinert. Das Höhenruder kann die Wölbung der Höhenflosse verändern und so Größe und Richtung des Auftriebs beeinflussen. Das Seitenruder erfüllt den gleichen Zweck an der Seitenflosse.

Wenn an einem Tragflügel **Eis ansetzt**, wird die Form des Profils verändert. Nicht die Gewichtszunahme allein, sondern in viel größerem Maße die **Profilformveränderung durch das Eis** stellt die größte Gefahr bei der Flugzeugvereisung dar.

Vereist ein Tragflügelprofil – **insbesondere die Flügelvorderkante** –, so wird die Luftströmung am Profil gestört. Das Eis verändert die Wölbung des Tragflügels und zerstört die ursprüngliche Form des Profils, das dem Flugzeug ja die beste Leistungsfähigkeit geben soll (besonders in Bezug auf das günstigste Verhältnis zwischen Auftrieb und Widerstand). Schon der dünnste Reifbelag auf einem Tragflügel kann einen sicheren Start unmöglich machen, weil die **laminare Grenzschichtströmung** (gleichmäßige parallel zum Profil strömende Luft) unterbrochen wird und eine so genannte **turbulente Grenzschichtströmung** (ungleichmäßige Strömung mit Wirbelbildung) – hervorgerufen durch die raue Oberfläche des Tragflügels – die Auftriebserzeugung erheblich vermindert und den Widerstand beträchtlich erhöht.

Es ist deshalb lebenswichtig, dass vor dem Start jeder Reif-, Schnee- oder Eisbelag unbedingt vom Flugzeug entfernt wird! Auch große Regentropfen auf dem Tragflügel sollte man vor Antritt des Fluges mit einem Schwamm oder Ledertuch entfernen.

3.3 Auswirkung des Anstellwinkels auf Auftrieb und Widerstand

Die Beziehung zwischen Anstellwinkel und Auftrieb wurde schon behandelt. Wir erinnern uns: **Wenn der Anstellwinkel vergrößert wird (max. bis zum Grenzschichtablösungspunkt), erhöhen sich Auftrieb und Widerstand entsprechend.** Am **Polardiagramm** haben wir gesehen, dass bei kleineren Anstellwinkeln der Auftrieb mehr zunimmt als der Widerstand. In diesem Bereich spielen sich z. B. Schnellflug, Reiseflug, Gleitflug und steiler Gleitflug ab.

Das ändert sich aber schnell, wenn der Anstellwinkel über ca. 10° vergrößert wird. Der Auftrieb wächst zwar immer noch langsam weiter an, jedoch sehen wir an der Polare (Kurve), dass nun der Widerstand erheblich zunimmt. Wollen wir zum Beispiel den **Auftriebsbeiwert (c_a)** von c_a 0,75 (bester Gleitwinkel) auf c_a 1,3 (c_a max) erhöhen, so steigt der **Widerstandsbeiwert (c_w)** erheblich an, während er bis zum c_a = 0,75 nur wenig zunahm (siehe Bild 2.28).

In Bild 3.8 können wir noch einmal die so genannte **„Druckpunktwanderung“** zur Flügelvorderkante hin bei größerem Anstellwinkel beobachten. Wird der Anstellwinkel größer (siehe auch Bild 3.9), so wandert der Druckpunkt nach vorne. Wird hingegen der Anstellwinkel kleiner, so wandert der Druckpunkt nach hinten. Bei größer werdendem Anstellwinkel greift die Luftkraftresultierende (aus Antrieb und Widerstand) weiter vorne an, da der Druckpunkt mehr zur Flügelnase gewandert ist, während der Schwerpunkt des Flugzeugs, um den das Flugzeug ja seine Bewegungen vollzieht, an seiner alten Stelle verbleibt. Die nun weiter vorne angreifende Luftkraft will den Flügel weiter vorne aufrichten – sie will den Anstellwinkel noch mehr vergrößern. Bei kleiner werdendem Anstellwinkel wandert der Druckpunkt nach hinten, die Luftkraft greift am Flügel weiter hinten an und versucht ihn dort weiter anzuheben, das heißt, sie will den Anstellwinkel noch mehr verringern.

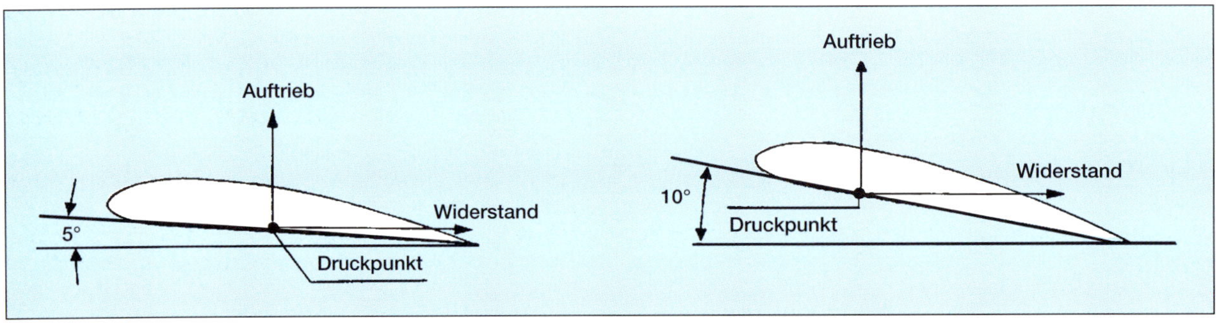

Bild 3.8 Auftrieb und Widerstand erhöhen sich mit größer werdendem Anstellwinkel und der Druckpunkt wandert nach vorne.

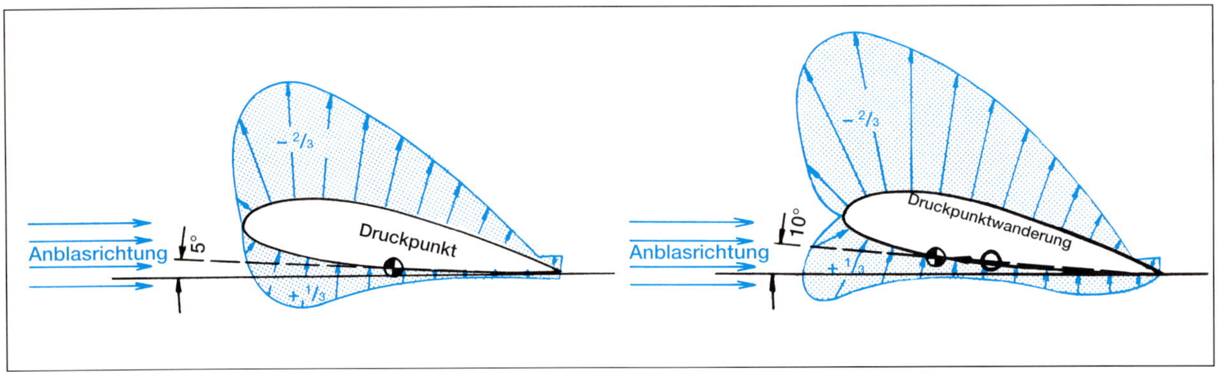

Bild 3.9 Druckpunktwanderung bei vergrößertem Anstellwinkel. Auch die Druckverhältnisse ändern sich (der Auftrieb nimmt zu).

Wir werden noch über die **Stabilität** des Flugzeugs sprechen müssen und dabei feststellen, dass solche Druckpunktwanderungen während des Fluges von der Höhenflosse (auch Dämpfungsflosse genannt) weitgehend ausgeglichen werden.

Wird der **Anstellwinkel größer** (ca. 16° – 20°), erreicht das Tragflügelprofil seinen **Höchstauftrieb** (c_a max), den wir für **Start und Landung** ausnutzen (c_a max = Höchstauftriebsbeiwert, siehe Polardiagramm, Bild 2.28) und der Anstellwinkel wird **kritisch.** Vergrößern wir nun den Anstellwinkel über c_a max hinaus, bricht der Auftrieb am Profil mit beträchtlicher Widerstandserhöhung zusammen und die Strömung reißt ab.

In der **Grenzschicht** direkt über der Außenhaut des Profils fängt dieser Prozess des Abreißens der Strömung an. Sie verläuft bis zum so genannten **Umschlagpunkt** laminar, wird hinter diesem Punkt turbulent (turbulente Grenzschichtströmung) und strömt hinter dem Ablösepunkt als turbulente Strömung zurück („Rückströmung").

Diese **Rückströmung in der Grenzschicht** ist eigentlich immer vorhanden. Wir bemerken sie jedoch nicht, solange die Strömung am Tragflügel noch einigermaßen anliegt (Bild 3.10).

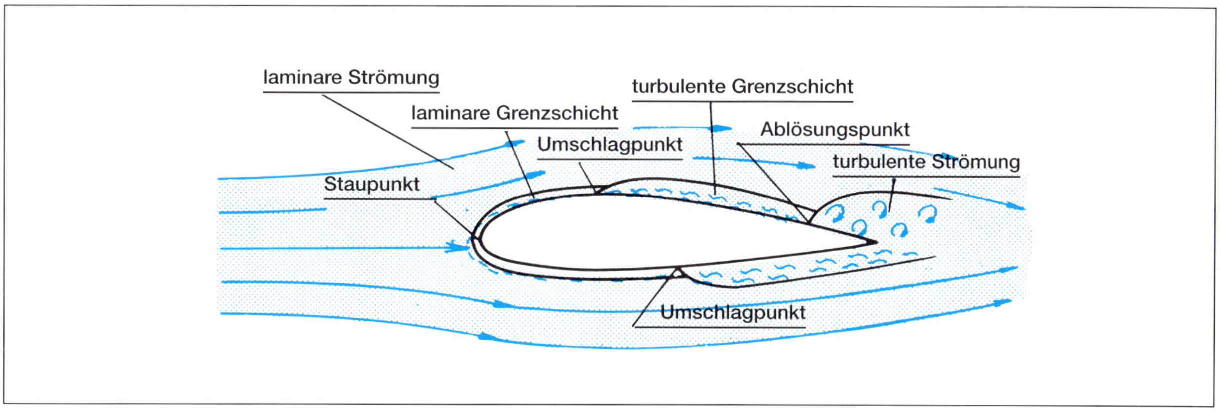

Bild 3.10 Grenzschichtverhalten am normal angeströmten Tragflügelprofil

Der Umschlagpunkt von der laminaren zur turbulenten Grenzschicht liegt auf der Unterseite des Tragflügelprofils weiter hinten als auf der Oberseite. Das hängt mit den verschiedenen Druckverhältnissen auf Ober- und Unterseite zusammen. **Die Rückströmung entsteht durch den Abfall des Unterdrucks zur Flügelhinterkante hin.** Der statische Druck nimmt in diesem Bereich zu und erreicht am Profilende wieder den normalen atmosphärischen Druck. Deshalb verlangsamt sich hier die beschleunigte Luftströmung (auf der Oberseite), weil die Luftteilchen nicht mehr genügend kinetische Energie besitzen, um gegen den Druckanstieg anzukämpfen. Die Luft strömt nun dem Druckgefälle folgend mit Bildung von Wirbelchen wieder nach vorne in Richtung Profilnase. So entsteht direkt an der Außenhaut des Profils innerhalb der von vorne nach hinten strömenden Grenzschicht die entgegengesetzt wirkende **Rückströmung,** die sich jedoch in der Praxis nicht auswirkt, solange die Strömungsgeschwindigkeit ausreichend ist.

Vergrößern wir nun den Anstellwinkel bis c_a max (kritischer Anstellwinkel), wird der Druckanstieg in Richtung Flügelhinterkante so groß, dass die Rückströmung immer mehr in Richtung Profilnase vordringen kann (Druckgefälle ist größer geworden). Dies geschieht jetzt ohne großen Widerstand, da die Strömungsgeschwindigkeit, die vorher die Rückströmung in Grenzen hielt, durch den größeren Anstellwinkel vermindert ist. Die verstärkt einsetzende Rückströmung schiebt sich wie ein Keil unter die bisher anliegende Luftströmung und löst sie mit der Grenzschicht vom Profil ab. Dieser Punkt wird in der Fachsprache als **Ablösungspunkt** (Grenzschichtablösungspunkt) bezeichnet (Bild 3.11).

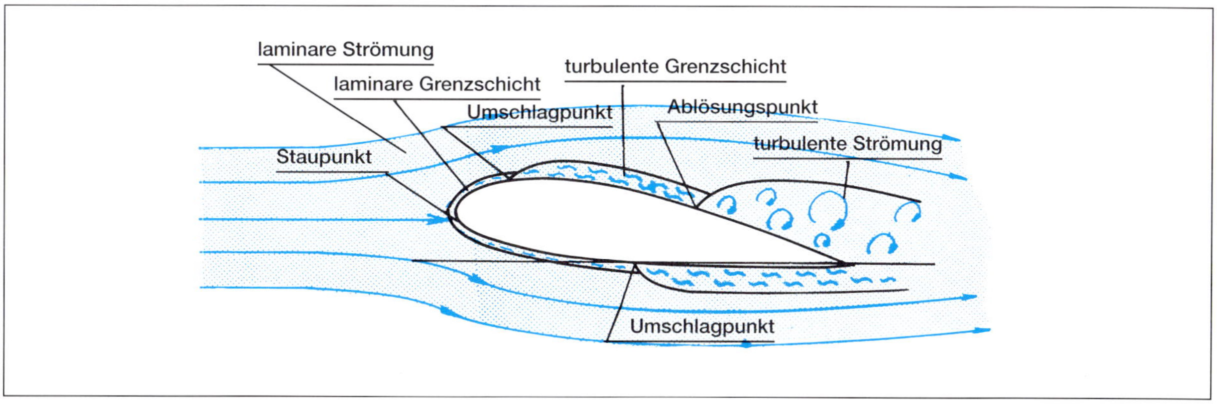

Bild 3.11 Die Ablösung beginnt beim kritischen Anstellwinkel.

Wird der Anstellwinkel darüber hinaus vergrößert, greift die Rückströmung auf die gesamte Oberseite des Profils über. **Der Ablösungspunkt verlagert sich bis fast zur Profilnase** und die Strömung verwirbelt auf der Oberseite vollständig. **Es entsteht ein Druckausgleich bis zum atmosphärischen Druck und der Auftrieb fällt zusammen. Die Strömung ist „abgerissen“ (Bild 3.12) – oder das Flugzeug ist überzogen.**

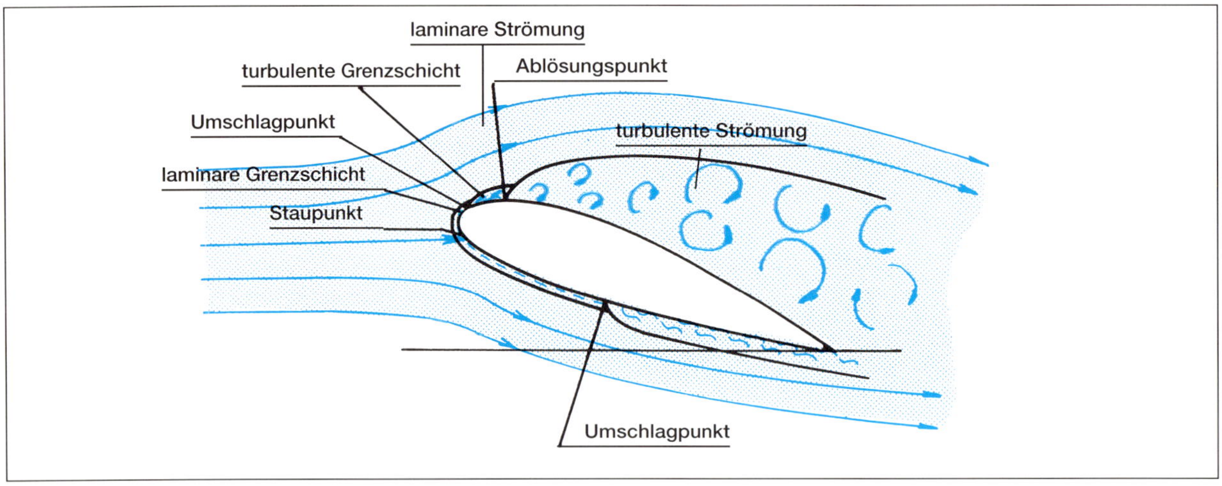

Bild 3.12 Strömungsabriss mit vollständiger Ablösung bei zu großem Anstellwinkel

3.4 Auswirkung der Fluggeschwindigkeit auf Auftrieb und Widerstand

Eine Erhöhung der Strömungsgeschwindigkeit am Tragflügelprofil bedeutet grundsätzlich Auftriebs- und Widerstandserhöhung. Der Auftrieb nimmt zu, weil

1. **der positive Druck auf der Unterseite des Tragflügelprofils aufgrund des Auftreffens der schnelleren Luftströmung anwächst,**
2. **die größere Strömungsgeschwindigkeit den Unterdruck** (Sog) **auf der Oberseite des Tragflügelprofils erhöht** (Gesetz von Bernoulli) und
3. **eine größere Druckdifferenz zwischen Tragflügelober- und Tragflügelunterseite erzeugt wird.** Der Widerstand erhöht sich, da jede Auftriebserhöhung mit einer Widerstandszunahme verbunden ist.

Versuche haben bewiesen, dass Auftrieb und Widerstand sich im **Quadrat zur Geschwindigkeit** ändern. Die Strömungsgeschwindigkeit am Tragflügel wird durch die **Eigengeschwindigkeit (TAS = true airspeed)** des Flugzeugs bestimmt, die als Geschwindigkeit des Flugzeugs gegenüber der Luft definiert ist. Wenn also ein Flugzeug seine **Eigengeschwindigkeit (TAS) verdoppelt, vervierfachen sich Auftrieb und Widerstand** (bei unverändertem Anstellwinkel).

3.5 Auswirkung der Luftdichte auf Auftrieb und Widerstand

Auch die **Luftdichte** hat einen wichtigen Einfluss auf den Auftrieb und den Widerstand. Nimmt die Luftdichte zu, so erhöhen sich Auftrieb und Widerstand, nimmt die Luftdichte ab, verringern sich Auftrieb und Widerstand entsprechend. Die Luftdichte wird von mehreren Faktoren – nämlich dem **Luftdruck,** der **Temperatur** und der **Luftfeuchtigkeit** – wesentlich beeinflusst.

In einer Höhe von **18 000 ft über Meereshöhe (MSL = mean sea level oder NN = Normal Null)** hat sich die **Luftdichte** gegenüber MSL oder NN bereits **um die Hälfte verringert.** Wenn ein Flugzeug in solchen Höhen seinen ursprünglichen Auftrieb beibehalten soll, muss entweder die Eigengeschwindigkeit (TAS) erhöht oder der Anstellwinkel vergrößert werden. **Aus diesem Grund benötigt ein Flugzeug auf höher gelegenen Flugplätzen eine längere Startrollstrecke** als unter den gleichen Bedingungen in Meereshöhe (MSL oder NN) – siehe Bild 3.13!

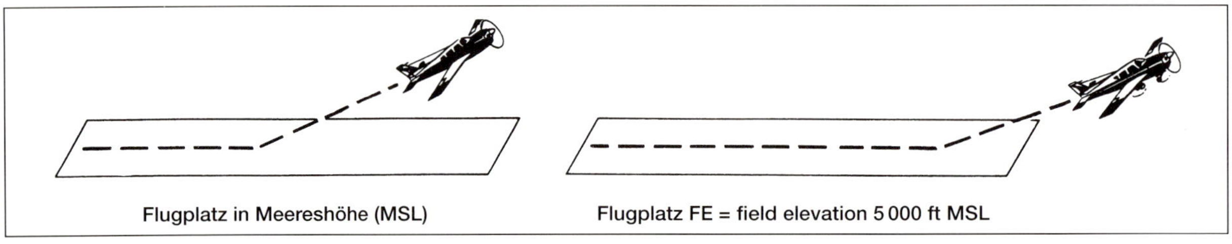

Bild 3.13 Auswirkung der Flugplatzhöhe (elevation) auf die Startrollstrecke und Steiggeschwindigkeit (rate of climb)

Wird Luft erwärmt (z. B. durch Sonneneinstrahlung), dehnt sie sich aus (sie expandiert) und ihre Dichte verringert sich. **Deshalb benötigt ein Flugzeug an einem heißen Sommertag eine längere Startrollstrecke als unter den gleichen Bedingungen an einem kalten Wintertag (Bild 3.14).**

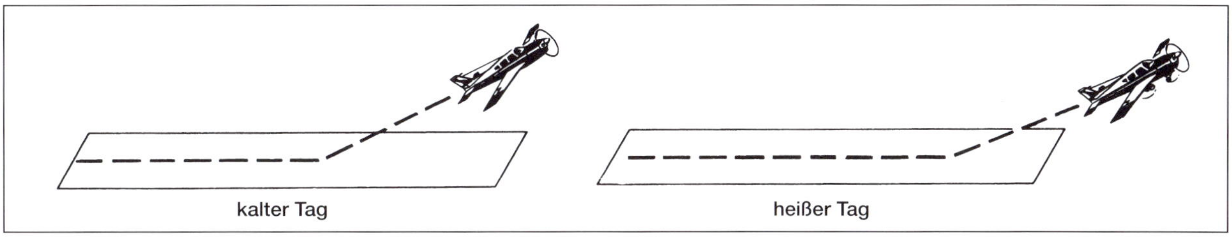

Bild 3.14 Auswirkung der Temperatur auf die Startrollstrecke und Steiggeschwindigkeit (rate of climb)

Weil Wasserdampf (die unsichtbare Feuchtigkeit in der Luft) weniger wiegt als die gleiche Menge trockener Luft, ist feuchte Luft (hohe relative Luftfeuchtigkeit) nicht so dicht wie trockene Luft mit geringer relativer Luftfeuchtigkeit. **Aufgrund dieser Tatsache benötigt ein Flugzeug an einem feuchten Tag eine längere Startstrecke als unter gleichen Bedingungen an einem trockenen Tag (Bild 3.15). Das trifft besonders an einem heißen und feuchten Tag zu, da warme Luft viel mehr Feuchtigkeit aufnehmen kann als kalte Luft (vgl. Band 2, Grundlagen der Flugwetterkunde).**

Merke: Je mehr Feuchtigkeit die Luft enthält, umso geringer ist die Luftdichte.

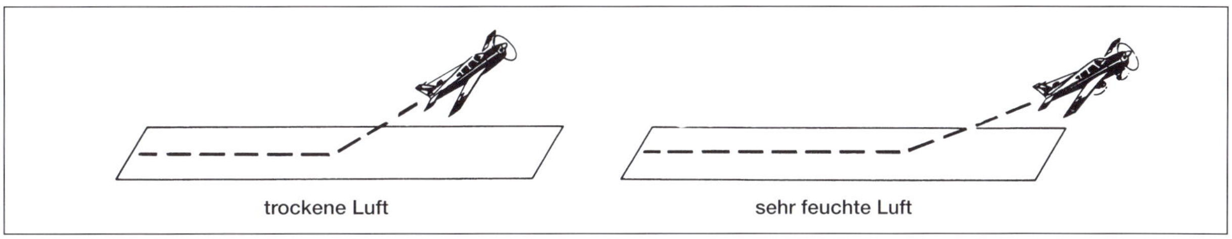

Bild 3.15 Auswirkung der Luftfeuchtigkeit auf die Startrollstrecke und Steiggeschwindigkeit (rate of climb)

Geringere Luftdichte wirkt sich neben dem daraus resultierenden Auftriebsverlust auch auf andere Leistungsfaktoren negativ aus. Die **Triebwerksleistung** fällt mit geringer werdender Luftdichte ab. Ebenso verringert sich die **Schubleistung des Propellers** – einmal wegen der schwächeren Triebwerksleistung und zum anderen, weil die Propellerblätter, die ja auch kleine Profile (wie ein Tragflügel) sind, nicht mehr so viel Luft in horizontal wirkenden Auftrieb (gleich Schub) umwandeln können. Da der Propeller unter solchen Voraussetzungen nicht seine Schubleistung erreicht, braucht das Flugzeug mehr Zeit, um die notwendige Geschwindigkeit für eine ausreichende Auftriebserzeugung an den Tragflügeln zu erreichen. Mit anderen Worten: **Das Flugzeug benötigt eine längere Startrollstrecke!** Aus der vorhergehenden Betrachtung ergibt sich, dass ein Flugzeugführer in jedem Fall bei **hoch gelegenen Plätzen, hohen Temperaturen** und **hoher Luftfeuchtigkeit** die nötige Vorsicht walten lassen muss. Das heißt vor allem: anhand des **Flughandbuchs** feststellen, ob ein sicherer Start bei den gegebenen Bedingungen überhaupt möglich ist **(vgl. Kapitel 4 „Flugleistungen und Flughandbuch", Band 3, Technik II).**

Merke: Eine Kombination der drei Faktoren (hoch gelegener Flugplatz, hohe Temperatur und hohe Luftfeuchtigkeit) hat sich schon oft katastrophal ausgewirkt – insbesondere in Verbindung mit kurzen Start- und Landebahnen (Bild 3.16).

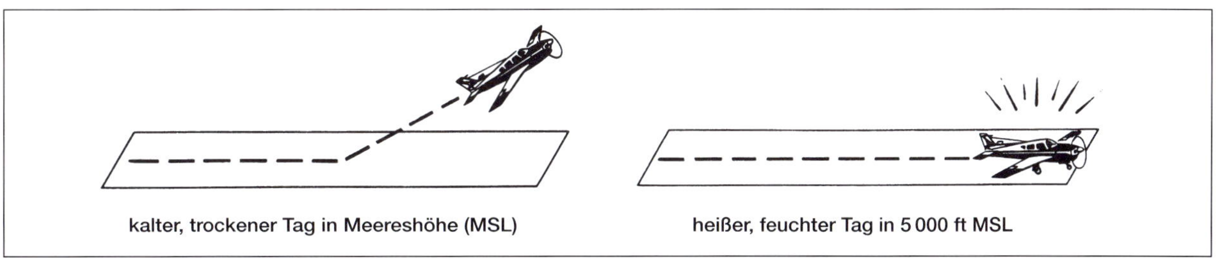

Bild 3.16 Auswirkung der Kombination Temperatur und Luftfeuchtigkeit auf die Startrollstrecke und die Steiggeschwindigkeit (rate of climb)

Die Kombination der Faktoren Flugplatzhöhe, Temperatur und Luftfeuchtigkeit kann einen sicheren Start unmöglich machen.

Merke: Bei solchen Bedingungen immer das Flughandbuch (Abschnitt Flugleistungen) beachten!

4 Steuerorgane und Stabilität des Flugzeugs

4.1 Die Achsen des Flugzeugs

Ein Flugzeug kann sich während des Fluges um drei Achsen drehen. Wenn wir die Fluglage eines Flugzeugs ändern, dreht es immer um eine oder mehrere dieser Achsen. Stellen Sie sich diese Achsen bitte als imaginäre Linien vor, um die das Flugzeug sich wie ein Rad dreht.

Alle drei Achsen (Hoch-, Längs- und Querachse) **schneiden sich im Schwerpunkt des Flugzeugs** und jede einzelne Achse verläuft rechtwinklig zu den beiden anderen (Bild 4.1).

a) Die Längsachse
Die **Längsachse** des Flugzeugs ist eine imaginäre Linie, die sich längs durch den gesamten Rumpf von der Nase bis zum Heck (Schwanz) des Flugzeugs erstreckt. Die Bewegung (Drehung) des Flugzeugs um die Längsachse nennt man **„Rollen“,** das durch die Betätigung der Querruder an der äußeren Flügelhinterkante hervorgerufen wird.

b) Die Querachse
Die **Querachse** ist eine imaginäre Linie, die sich quer durch das Flugzeug von Flügelspitze zu Flügelspitze im Winkel von 90° zur Längsachse erstreckt. Die Bewegung des Flugzeugs um die Querachse wird **„Nicken“** oder **„Kippen“** genannt, das durch die Betätigung des Höhenruders hinter der Höhenflosse hervorgerufen wird.

c) Die Hochachse
Die **Hochachse** des Flugzeugs ist eine imaginäre Linie, die vertikal (senkrecht) durch den Schwerpunkt des Flugzeugs im rechten Winkel (90°) zu den beiden anderen Achsen verläuft. Die Bewegung (Drehung) des Flugzeugs um diese Achse nennt man **„Gieren“** oder **„Wenden“,** das durch die Betätigung des Seitenruders hinter der Seitenflosse hervorgerufen wird.

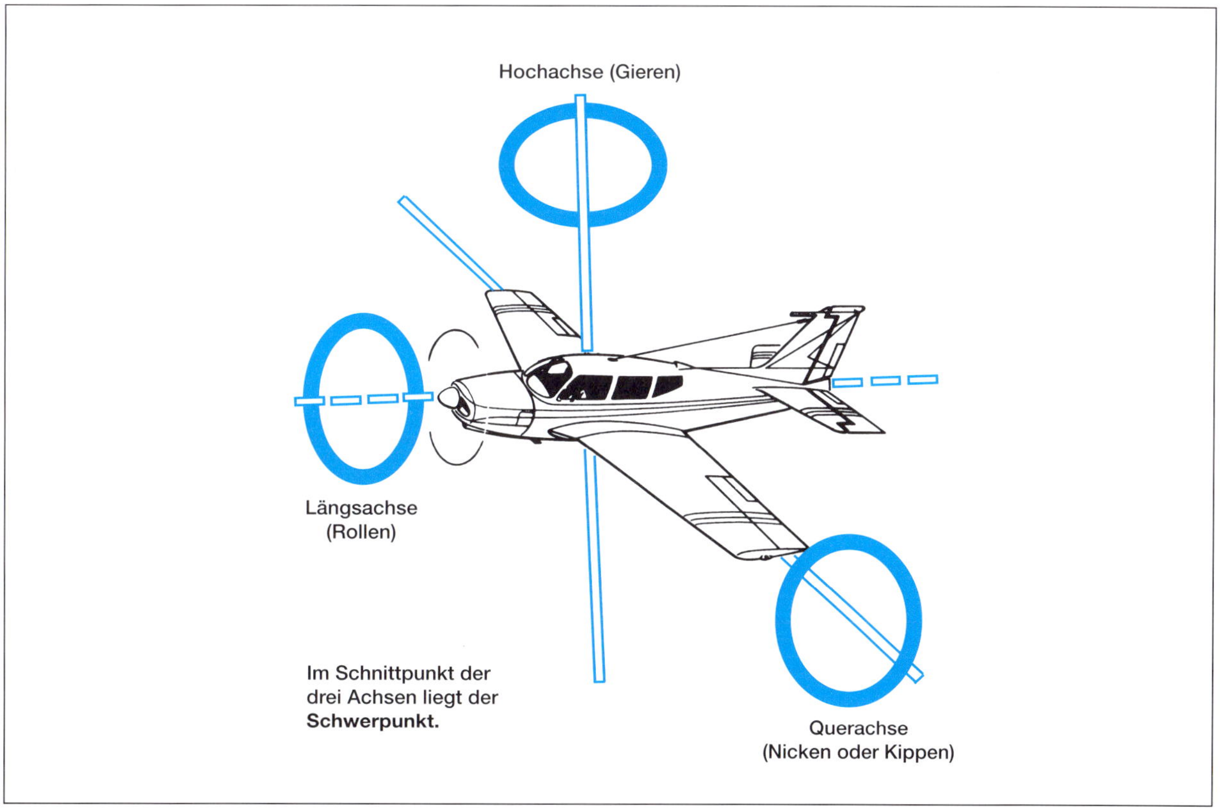

Bild 4.1 Die drei Achsen des Flugzeugs

Wir wissen nun, dass für jede der drei Achsen ein Steuer vorhanden ist, das Bewegungen um die entsprechende Achse ermöglicht. Zu jeder der drei Achsen gehört also ein bestimmtes Steuer (Ruder) und ein bestimmtes Moment (Drehmoment).

Durch einen Steuerausschlag mit:

a) dem **Querruder** erreichen wir das **Rollen** um die **Längsachse** (Steuerhorn oder Steuerknüppel nach links oder rechts),

b) dem **Höhenruder** erreichen wir das **Kippen oder Nicken** um die **Querachse** (Steuerhorn ziehen oder drücken),

c) dem **Seitenruder** erreichen wir das **Gieren oder Wenden** um die **Hochachse** (Seitenruderpedal rechts oder links treten).

Die dabei auftretenden **Momente (Drehmomente)** nennen wir:

a) Rollmoment um die Längsachse,

b) Kipp- oder Nickmoment um die Querachse und

c) Gier- oder Wendemoment um die Hochachse.

4.2 Die Ruder am Flugzeug

Das Bild 4.2 zeigt Ihnen eine normale Bedieneinrichtung im Führerraum (Cockpit) eines Flugzeugs und die dazugehörigen Steuerorgane (Ruder).

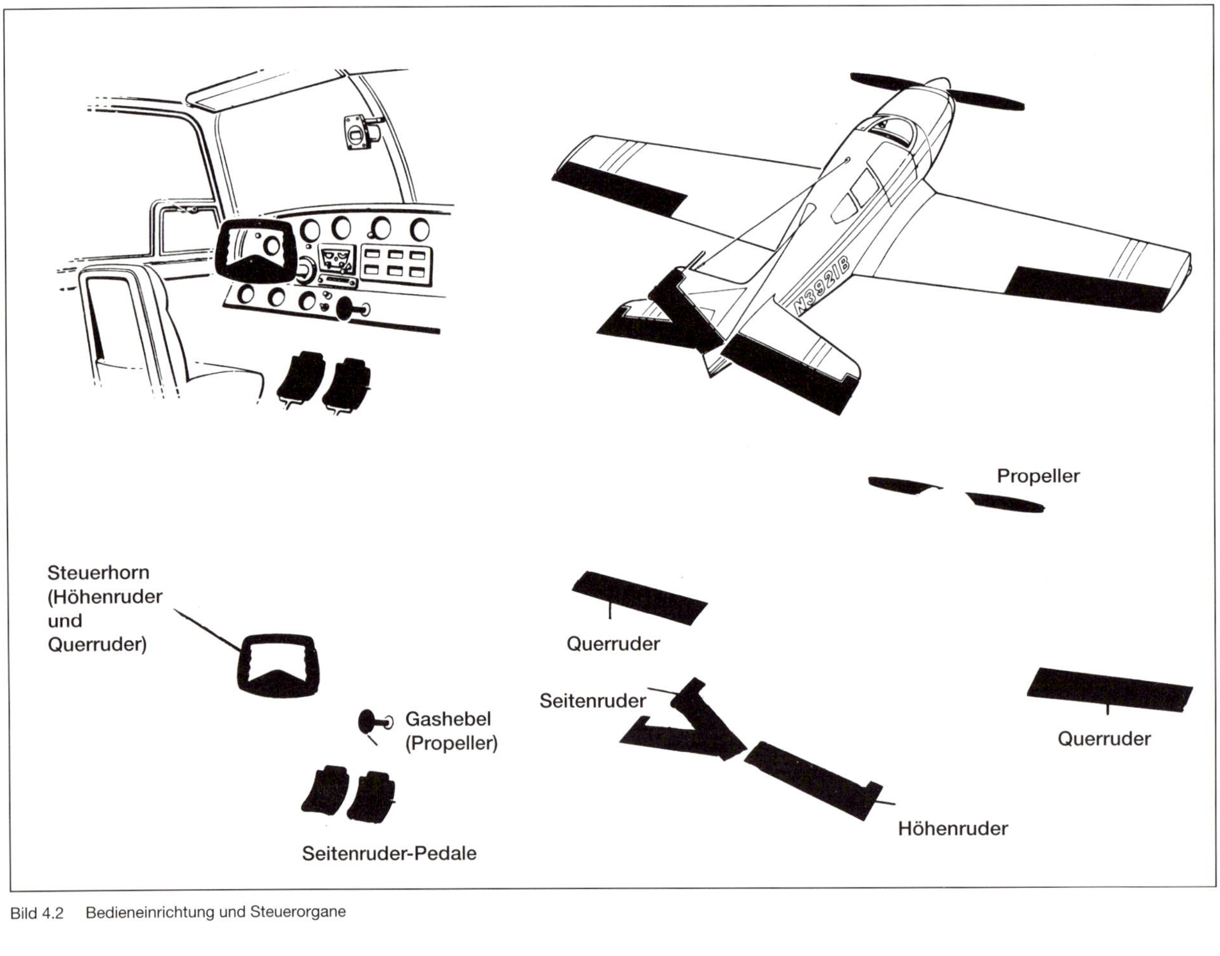

Bild 4.2 Bedieneinrichtung und Steuerorgane

a) Die Querruder

Die **Querruder** sind bewegliche Steuerflächen, die Drehungen des Flugzeugs um die **Längsachse** ermöglichen. Diese Bewegung wird – wir erinnern uns – **„Rollen“** genannt. Betätigen wir die Querruder, so erfolgt auf den Steuerausschlag ein doppelter und entgegengesetzter Ruderausschlag. Geben wir zum Beispiel **Querruder nach rechts,** so geht das **rechte Querruder nach oben,** während das **linke nach unten klappt.** Der Tragflügel mit dem nach unten geklappten Querruder wird nach oben gehoben, weil der Auftrieb durch das nach unten ausgeschlagene Querruder erhöht wird. **Das Tragflügelprofil wird im Querruderbereich verändert** – es erhält eine stärker ausgeprägte Wölbung. Genauer ausgedrückt: Die Profilsehne verläuft hier anders, nämlich steiler. Der Anstellwinkel im Querruderbereich ist größer geworden und das bedeutet, wie wir schon wissen, mehr Auftrieb.

Der Tragflügel mit dem nach oben ausgeschlagenen Querruder senkt sich nach unten, weil der Auftrieb hier durch Verminderung der Profilwölbung (Profilsehne verläuft flacher, Anstellwinkel im Querruderbereich geringer) kleiner wird. Das Flugzeug rollt nun um seine Längsachse und nimmt eine dem Ruderausschlag entsprechende Querneigung (Schräglage) ein (Bild 4.3).

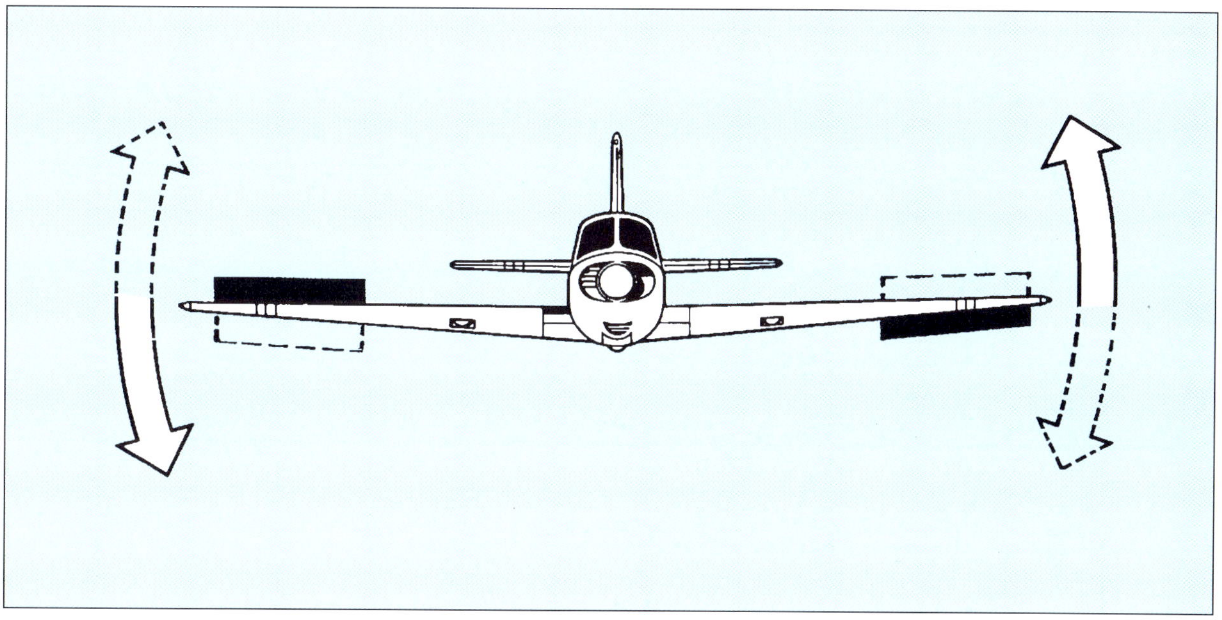

Bild 4.3 Die Wirkung des Querruders

Betätigen wir das Querruder jedoch alleine, so schiebt das Flugzeug! Das so genannte **„Rollwendemoment“** wirkt sich aus. Wie kommt es zustande? Viele Flieger nennen es auch **negatives Wendemoment**, weil es entgegen der beabsichtigten Bewegung wirkt. Hervorgerufen wird das Rollwende- oder Rollgiermoment durch die unterschiedlichen Auftriebsverhältnisse an den beiden Tragflügeln – oder durch den unterschiedlichen Widerstand an den ausgeschlagenen Querrudern. Bei einer Linksquerneigung (Schräglage nach links) ist das linke Querruder nach oben und das rechte Querruder nach unten ausgeschlagen. Dem kleineren Auftrieb und Widerstand am linken Tragflügel steht der größere Auftrieb und Widerstand am rechten Tragflügel gegenüber. Der größere Widerstand am rechten Tragflügel bewirkt, dass dieser Tragflügel etwas gegenüber dem linken zurückbleibt. Der linke Tragflügel eilt etwas vor und wir bemerken **ein Giermoment um die Hochachse**, das entgegen der Bewegung um die Längsachse (Rollen) wirkt. **Geben wir also Querruder nach links, so rollt das Flugzeug nach links und giert gleichzeitig um die Hochachse nach rechts (deshalb Rollwende- oder Rollgiermoment).**

Um dieses Rollwende- oder Rollgiermoment zu verringern, gibt man den beiden Querrudern einen **unterschiedlich großen Ausschlag.** Das nach oben ausgeschlagene Querruder klappt mit einem größeren Winkel ab als das nach unten ausgeschlagene Querruder und verringert so das negative Wendemoment.

Abschließend sei noch erwähnt, dass die Querruder durch **Steuergestänge (Hebel)** oder **Steuerseile** einmal miteinander und zum anderen mit dem Steuerhorn oder Steuerknüppel im Cockpit verbunden sind.

b) Das Seitenruder

Das **Seitenruder** ermöglicht Bewegungen des Flugzeugs um die **Hochachse**. Wir nennen diese Drehung um die Hochachse **Gieren** oder **Wenden**. Gleich den anderen Rudern ist das Seitenruder hinter der Seitenflosse so angebracht, dass es sich frei nach links und rechts bewegen kann. Es ist durch Steuerseile mit den Seitenruderpedalen unterhalb des Instrumentenbretts verbunden. Treten wir in das rechte Pedal, so bewegt sich das Seitenruder nach rechts – es bildet mit der Seitenflosse ein gewölbtes Profil. An der Oberseite dieses Profils (links) entsteht eine Luftkraft, die quer zur Längsachse am Seitenruder angreift und das Heck (Schwanz) des Flugzeugs nach links zwingt, während die Nase nach rechts **giert.** Wird das linke Pedal getreten, bewegt sich das Seitenruder nach links, das Heck schwenkt nach rechts und die Nase des Flugzeugs **giert** nach links. **Das Flugzeug giert also um die Hochachse nach links (Bild 4.4).**

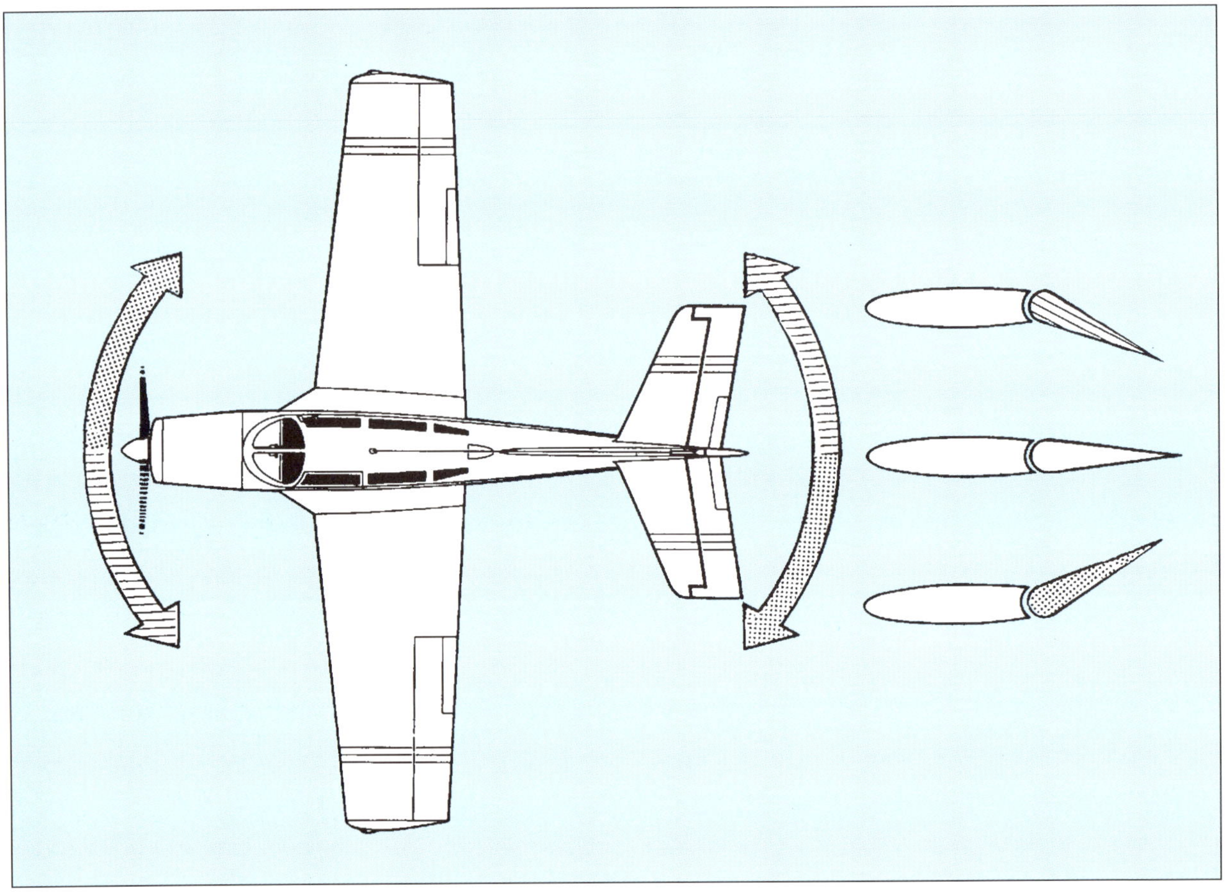

Bild 4.4 Die Wirkung des Seitenruders

Erinnern wir uns noch einmal an das Querruder. Dort trat bei Ausschlag der Querruder das so genannte **negative Wendemoment** (Rollwendemoment) auf – das Flugzeug **rollte** also um die Längsachse und **gierte** im gleichen Moment entgegengesetzt um die Hochachse.

Beim Seitenruder tritt ein ähnlicher Effekt auf, der jedoch in Bezug auf Ursache und Wirkung anders zustande kommt. **Treten wir das rechte Seitenruderpedal**, so wendet die Nase (Bug) des Flugzeugs zwar **nach rechts,** aber aufgrund der Massenträgheit fliegt das Flugzeug erst einmal geradeaus weiter – es **schiebt** schräg in der ursprünglichen Flugrichtung weiter. Gleichzeitig tritt das so genannte **Wenderollmoment – das Flugzeug rollt zusätzlich zur Drehung um die Hochachse um die Längsachse nach rechts –** in Erscheinung. Wie ist das zu erklären? Ganz einfach: Das Flugzeug wendet (giert) um die Hochachse nach rechts. Der linke Tragflügel eilt voraus, wird dadurch mehr angeströmt als der zurückbleibende rechte Tragflügel, erzeugt deshalb einen größeren Auftrieb als der rechte Tragflügel und geht nach oben. **Treten wir also das rechte Seitenruderpedal, so wendet (giert) das Flugzeug um die Hochachse nach rechts und rollt gleichzeitig durch den größeren Auftrieb am linken Tragflügel um die Längsachse nach rechts (deshalb Wenderoll- oder Gierrollmoment).**

Da wir gerade die verschiedenen Momente, die bei Bewegungen (Drehungen) um die Längs- oder Hochachse auftreten, behandeln, wollen wir das so genannte **„Schieberollmoment“** hier noch einfügen. Es wird durch **„Schieben“** infolge eines **vorgeschobenen Tragflügels** hervorgerufen, an dem der Auftrieb zunimmt (Bild 4.5.a und b).

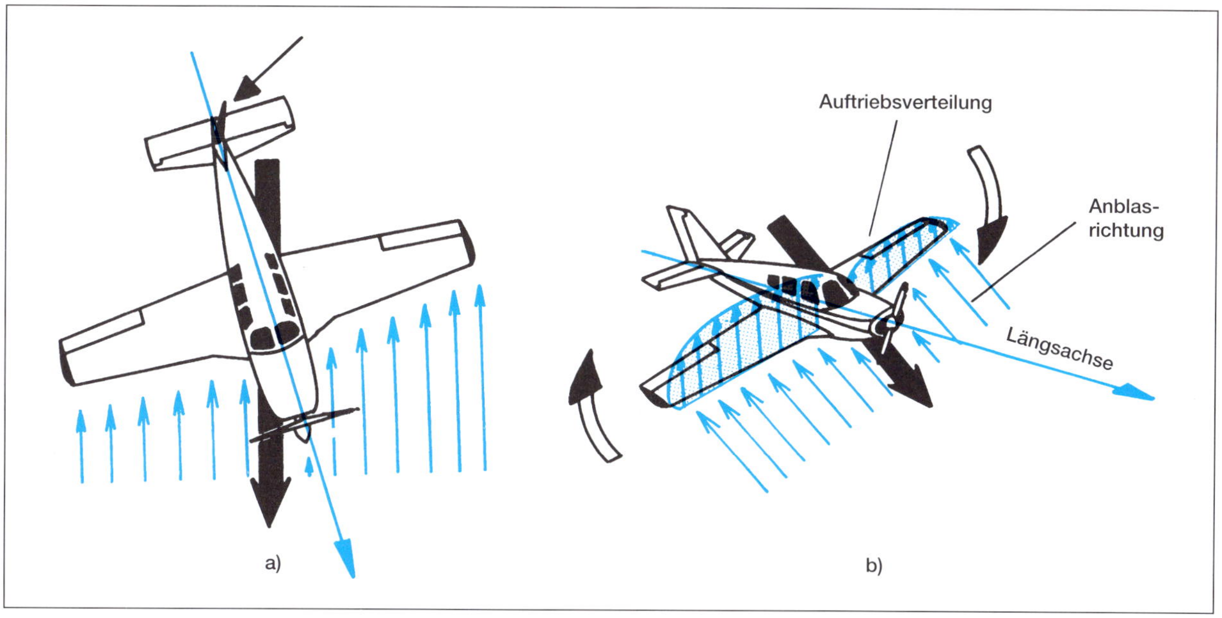

Bild 4.5 Das Schieberollmoment

Infolge des Schiebens (a) tritt eine ungleichmäßige Auftriebsverteilung (b) an den beiden Tragflügeln auf, die das Schieberollmoment auslöst. Die rechte Fläche (größerer Auftrieb) wird angehoben, und das Flugzeug rollt nach links um die Längsachse.

Fassen wir alles zusammen, so ergibt sich daraus, dass eine Bewegung um die Längsachse (Rollen) gleichzeitig eine entgegengesetzte Bewegung um die Hochachse verursacht (negatives Wendemoment oder Rollwendemoment), während eine Bewegung um die Hochachse (Gieren oder Wenden) eine Bewegung in gleicher Richtung um die Längsachse zur Folge hat (Wenderollmoment), die sogar zum Einkurven des Flugzeugs führen kann. Betätigen wir also das **Querruder** oder das **Seitenruder allein**, so gerät das Flugzeug in einen **Schiebezustand**. Es schiebt zum Beispiel **in Richtung des Querruderausschlags** und **entgegen der Richtung des Seitenruderausschlags**. Daraus können wir für die Praxis einen wichtigen Schluss ziehen: Das Flugzeug schiebt bei einem **„Querruderausschlag links“ nach links** (negatives Wendemoment) und bei einem **„Seitenruderausschlag links“ schiebt es nach rechts. Um das Schieben,** das (ausgenommen beim Seitengleitflug = Slip) unerwünscht ist, **auszuschalten, müssen wir nur beide Ruder (Quer- und Seitenruder) gleichzeitig und gleichsinnig betätigen – und es hebt sich gegenseitig auf!** Auf diese Art leiten wir grundsätzlich einen **sauberen Kurvenflug** ein, weil das negative Wenderollmoment, das durch Betätigung des Querruders hervorgerufen wird, durch den Seitenruderausschlag in gleicher Richtung aufgehoben wird.

Bevor wir zur **Stabilität des Flugzeugs um seine Achsen** übergehen, seien noch zwei Dinge erwähnt, die das Quer- und das Seitenruder betreffen. Beide Probleme betreffen den Gebrauch der Ruder im **Langsamflug**, der ja auch bei Ihrer Ausbildung zum Programm gehört (oder gehört hat).

Beim **Langsamflug** fliegen wir im Bereich des **kritischen Anstellwinkels** (Polardiagramm/c_a max). Geben wir jetzt **Querruder nach rechts, so erhöhen wir am linken Tragflügel (Querruder nach unten ausgeschlagen) den bereits kritischen Anstellwinkel durch die größere Profilwölbung im Querruderbereich noch mehr und – die Strömung reißt hier plötzlich ab!** Das Flugzeug kippt entgegen des Querruderausschlags (rechts) nach links ab und kann so unter Umständen ins **Trudeln** geraten. Beenden (Ausleiten) dieses unkontrollierten Flugzustandes erfolgt so: **Querruder und Höhenruder neutral (Normalstellung), Seitenruder entgegengesetzt zur Abkipprichtung betätigen!**

Da das Flugzeug entgegen des Querruderausschlags (Querruder rechts/Abkippen nach links) abkippt, wird dieser Effekt – eigentlich fälschlicherweise – **Querruderumkehrwirkung** genannt (Bild 4.6).

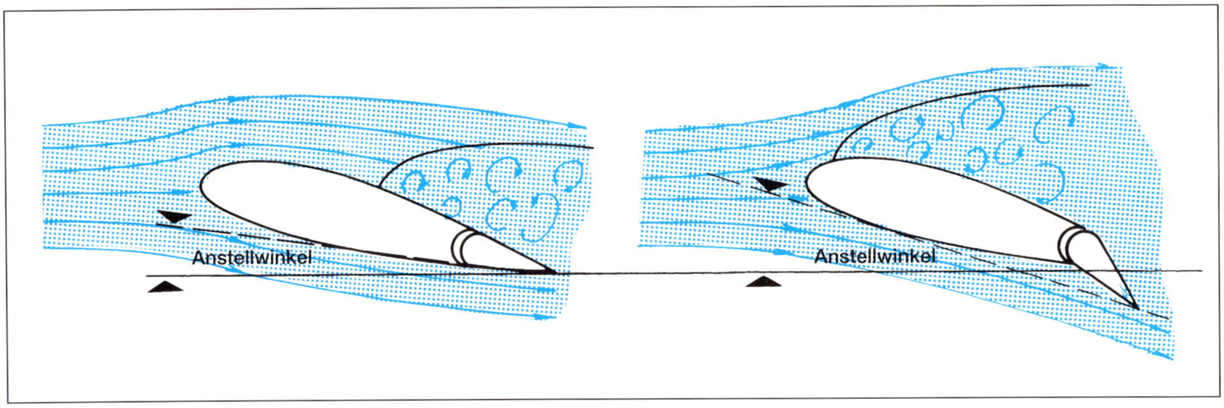

Bild 4.6 Betätigung des Querruders im Langsamflug (kritischer Anstellwinkel) kann zum Strömungsabriss am Tragflügel führen.

Um das Abkippverhalten und die Steuerbarkeit des Flugzeugs im Langsamflug zu verbessern, wendet der Flugzeugkonstrukteur einen kleinen „Trick" an. Er **„schränkt"** oder verdreht den Tragflügel einfach von der Flügelwurzel bis zur Flügelspitze – oder er verändert den **Einstellwinkel** von der Flügelwurzel ausgehend zur Flügelspitze hin –, er gestaltet ihn zur Flügelspitze hin kleiner, siehe Bild 4.7! Das Profil wird dabei nicht verändert. Diese Art von Flügelschränkung wird **geometrische Schränkung** genannt und sie bewirkt das Gleiche wie die so genannte **aerodynamische Schränkung,** bei der das Profil von der Flügelwurzel bis zur Flügelspitze hin verändert wird (Bild 4.8).

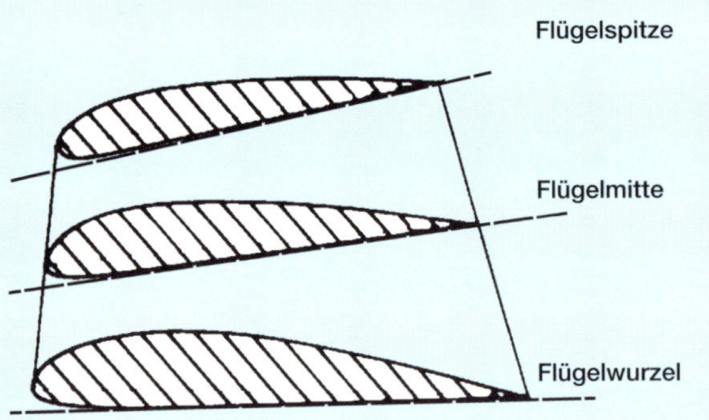

Bild 4.7 Geometrische Schränkung

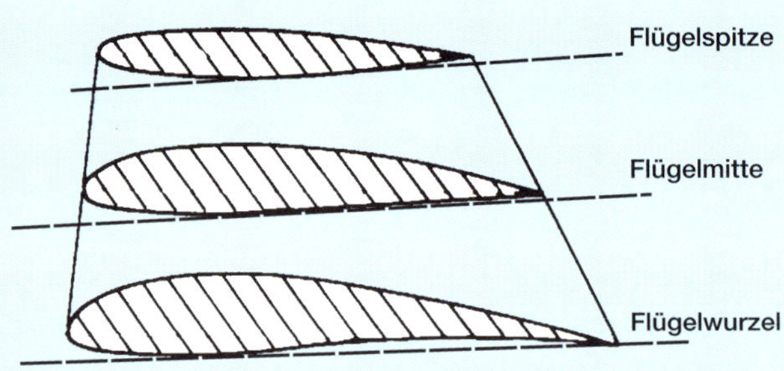

Bild 4.8 Aerodynamische Schränkung

Auch eine Kombination beider Schränkungsarten bewirkt, wie schon erwähnt, dass das Flugzeug **im Querruderbereich (äußerer Teil des Tragflügels) bei großen Anstellwinkeln (kritischer Anstellwinkel) noch steuerbar bleibt** und **die Strömung bei zu großen Anstellwinkeln zuerst am Innenflügel abreißt und im Querruderbereich zunächst noch anliegt.**

Des Weiteren bewirkt die Tragflügelschränkung eine bemerkenswerte Verminderung des Druckausgleichs von der Tragflügelunterseite zur Tragflügeloberseite hin und reduziert so den schon behandelten **induzierten Widerstand,** der durch die Randwirbel an den Flügelspitzen verursacht wird.

Das Seitenruder spielt ebenfalls eine wichtige Rolle im **Langsamflug**. An ihm liegt nämlich nach dem Strömungsabriss am Tragflügel noch eine **ausreichende Strömung** an und **es bleibt weiterhin wirksam.** Nehmen wir einmal an, dass unser Flugzeug nach dem Strömungsabriss am linken Flügel nach links abkippt. Was müssen wir unternehmen, damit das Flugzeug wieder in einen normalen Flugzustand zurückgeführt wird? Wir erinnern uns:

Höhen- und Querruder neutral (normal) und Seitenruder entgegen der Abkipprichtung betätigen! Warum? Das Flugzeug giert nach dem Seitenruderausschlag (in unserem Beispiel Seitenruder nach rechts) um die Hochachse nach rechts und der linke Tragflügel, an dem die Strömung abgerissen ist, wird durch diese Drehung beschleunigt. Der Auftrieb, der ja hier durch den Strömungsabriss zusammengebrochen ist, baut sich wieder auf und das Flugzeug wird, nachdem es noch etwas Fahrt aufgeholt hat, wieder voll steuerbar. Deshalb ist das Seitenruder im Langsamflug und bei überzogenen Flugzuständen unser wichtigstes Steuerorgan.

Merke: Das Seitenruder ist auch bei großen Anstellwinkeln noch wirksam und wir können das Flugzeug im extremen Langsamflug damit noch vorsichtig steuern!

c) Das Höhenruder
Das **Höhenruder** ermöglicht Bewegungen des Flugzeugs um die **Querachse**. Die durch das Höhenruder hervorgerufene Bewegung um die Querachse wird **Nicken** oder **Kippen** genannt (vgl. „Die Achsen des Flugzeugs", Abschnitt 4.1). Das Höhenruder ist hinter der Höhenflosse frei beweglich nach oben und unten aufgehängt. Zusammen mit der Höhenflosse bildet das Höhenruder ein Profil, das dem der Tragflügel ähnelt (Bild 4.9). Steuerausschläge des Höhenruders nach unten **(Drücken)** oder nach oben **(Ziehen)** verändern die Wölbung dieses Profils und verursachen entweder Auftriebserhöhung oder Auftriebsverminderung am Höhenleitwerk (Höhenflosse und Höhenruder). Beim so genannten „Ziehen" des Höhenruders – man zieht am Steuerhorn oder am Steuerknüppel – klappt das Höhenruder nach oben und bildet mit der Höhenflosse ein **nach unten gewölbtes Profil**, das negativen Auftrieb **(= Abtrieb)** erzeugt. Die nach unten gerichtete Luftkraft am Höhenleitwerk bewirkt ein **Kippmoment um die Querachse nach oben** – die Flugzeugnase richtet sich auf, während das Heck des Flugzeugs nach unten geht (Bild 4.9. a).

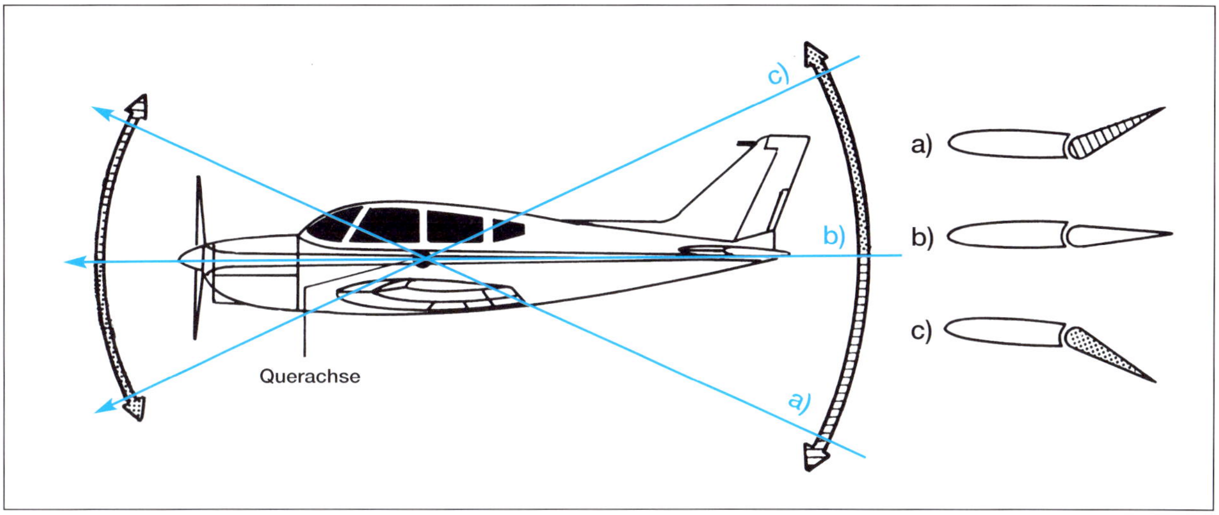

Bild 4.9 Die Wirkungsweise des Höhenruders

Drücken wir das Steuerhorn oder den Steuerknüppel nach vorne, so schlägt das Höhenruder nach unten aus und das Profil Höhenflosse-Höhenruder erhält eine ausgeprägte Wölbung nach oben, was **Auftrieb** am Höhenleitwerk erzeugt. Die nach oben gerichtete Luftkraft bewirkt jetzt ein **Kippmoment um die Querachse nach unten**, das heißt, die Nase des Flugzeugs neigt sich nach unten, während der Schwanz (das Heck) nach oben gezwungen wird (Bild 4.9.c).

Mit dem Höhenruder kontrollieren wir den Anstellwinkel des Flugzeugs. Wird das Steuerhorn nach hinten gezogen, geht das Heck des Flugzeugs nach unten, die Nase des Flugzeugs richtet sich über den Horizont hinaus auf und **der Anstellwinkel wird größer**.

Drückt man das Steuerhorn (oder den Steuerknüppel) nach vorne, geht das Heck des Flugzeugs nach oben, die Flugzeugnase kippt unter die Horizontlinie nach unten ab und **der Anstellwinkel verkleinert sich oder geht sogar in den negativen Bereich über.**

d) Die Trimmruder
Trimmruder oder Trimmklappen sind kleine, vom Flugzeugführer während des Fluges beeinflussbare Ruder, die an der Hinterkante der Querruder, des Seitenruders oder des Höhenruders durch Scharniere angebracht sind. Sie sollten – wenn nötig – **den Einstellwinkel der Flosse oder des Ruders während des Fluges ändern.**

Wird der Einstellwinkel der Flosse (Seiten- und Höhenflosse) direkt verändert, so spricht man von einer **Flossentrimmung**.

Bei der **Rudertrimmung** verwendet man, wie schon erwähnt, am entsprechenden Ruder ein kleines Hilfsruder, das Ausgleichs- oder Trimmruder genannt wird. Wir wollen uns mit drei üblichen Arten solcher Ruder befassen: **normales Trimmruder (Bild 4.10), Flettnerruder (Bild 4.11)** und **Bügelkante (Bild 4.12)**.

Eine Abart solcher Trimm- oder Ausgleichsruder sind die so genannten **Bügelkanten.** Sie sind fest am entsprechenden Ruder angebracht und müssen vor Antritt des Fluges am Boden eingestellt werden. Wir finden sie vorwiegend an den Querrudern oder am Seitenruder (Bild 4.12).

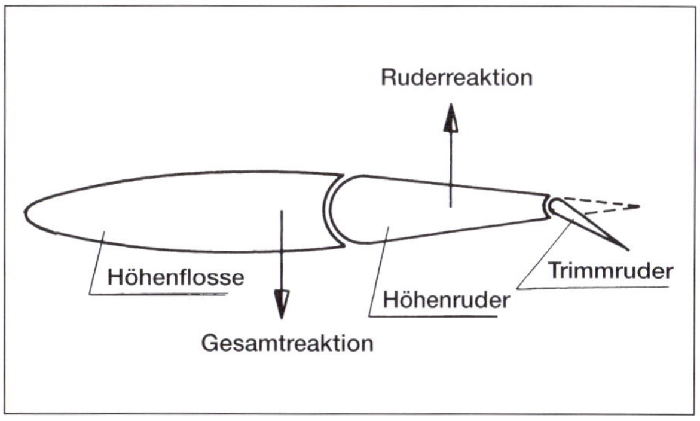

Bild 4.10 Trimmruder nach unten (Trimmrad nach hinten drehen) bewirkt Ruderausschlag nach oben. Flugzeug wird schwanzlastig.

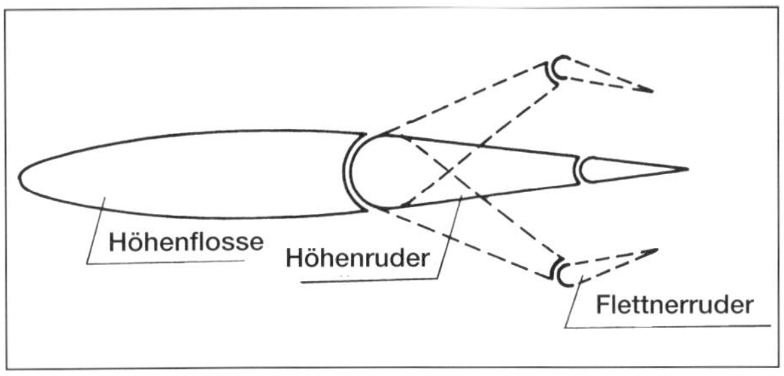

Bild 4.11 Das Flettnerruder ist ein gegenläufiges Hilfsruder, das bei jedem Steuerausschlag automatisch entgegengesetzt mitläuft. Die zum Steuerausschlag notwendige Muskelkraft wird so erheblich reduziert.

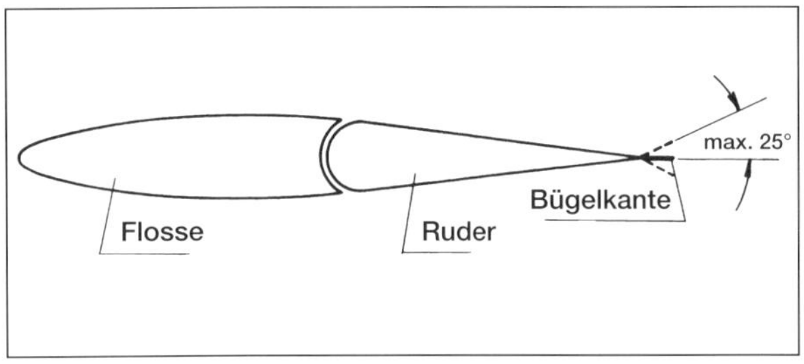

Bild 4.12 Bügelkante am Seitenruder oder Querruder als Ersatz für Trimmruder

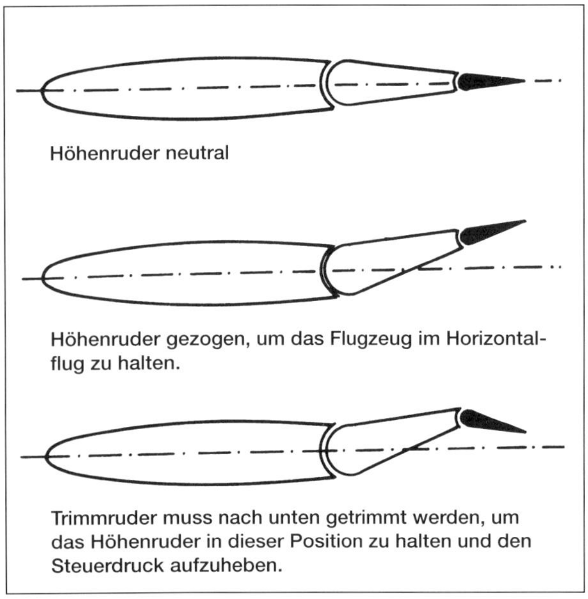

Bild 4.13 Wirkung des Trimmruders

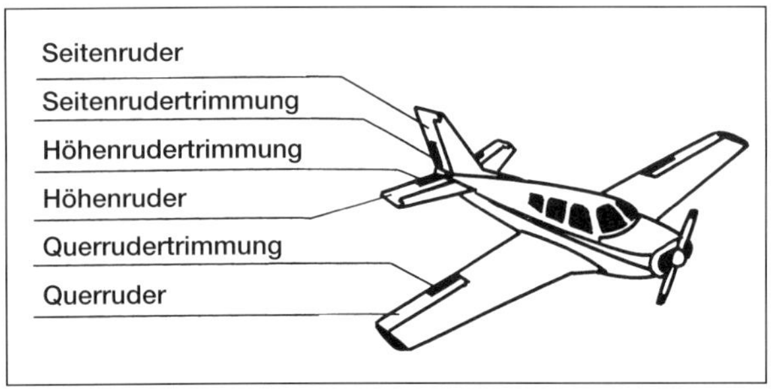

Bild 4.14 Trimmruder am Flugzeug

Solche **Bügelkanten** werden auch Trimmbleche genannt. Wie stellt man sie nun ein? – Ganz einfach: Ein Flugzeug **„hängt“** während des Fluges ständig **rechts**. Das Trimmblech ist am linken Querruder angebracht. In diesem Fall muss das **Trimmblech am linken Querruder nach unten** gebogen werden, damit hier ein kleiner **Querruderausschlag nach oben** erfolgt und der rechte Tragflügel angehoben wird.

Am **Seitenruder** ist es ebenso leicht: Nehmen wir an, dass ein Flugzeug während des Fluges immer wieder **nach rechts giert** (es dreht sich um die Hochachse nach rechts). Was ist zu tun? Das **Trimmblech** muss **nach rechts** gebogen werden, damit ein kleiner **Seitenruderausschlag nach links** erfolgt und die Drehbewegung um die Hochachse nach rechts aufhört.

Das in Bild 4.11 gezeigte **Flettnerruder** bewegt sich bei jedem Ruderausschlag entgegengesetzt mit und ist direkt mit der Steuerung verbunden. Es ist also eine kleine Steuerfläche – oder besser ein kleines Hilfsruder, das in die Luftströmung hineinragt und so die vom Flugzeugführer aufzubringende Steuerkraft (Muskelkraft) verringert. Man spricht hier von einem **„aerodynamischen Ruderausgleich“**.

Des Weiteren gibt es noch einen so genannten **statischen Ruderausgleich (Gewichtsausgleich)**, der die Ruder einmal auf Deckung bringen soll und zum anderen ein Flattern der Ruder während des Fluges verhindert, und einen so genannten **dynamischen Ruderausgleich,** der Beschleunigungen auf die Ruderfläche durch Böeneinwirkung verhindert. Der Schwerpunkt liegt hier hinter der Drehachse des Ruders.

Doch nun zurück zum eigentlichen **Trimmruder** (Bild 4.10). Nehmen wir einmal an, dass das Steuerhorn oder der Steuerknüppel etwas gezogen werden muss, um das Flugzeug im Horizontalflug zu halten, und wir wollen jetzt mit der **Höhenrudertrimmung** den auftretenden Steuerdruck verringern oder aufheben. Da wir das Steuerhorn etwas gezogen haben, ist das Höhenruder nach oben ausgeschlagen (Bild 4.13). Das Trimmruder muss in diesem Fall nach unten getrimmt werden, damit die auf das Trimmruder auftreffende Luftströmung das Höhenruder in der gewünschten Stellung halten kann.

Müssten wir das Steuerhorn nach vorne drücken, um eine gewünschte Fluglage beizubehalten, so wäre das Höhenruder nach unten ausgeschlagen und das Trimmruder müsste nach oben getrimmt werden, um den Steuerdruck aufzuheben.

Das **Trimmrad** im Führerraum (Cockpit) muss im ersten Fall (Höhenruder „gezogen“) nach hinten in Richtung **schwanzlastig** gedreht werden, bis der Steuerdruck durch das nach unten gehende Trimmruder ausgeglichen ist, während im anderen Fall (Höhenruder „gedrückt“) das **Trimmrad** in Richtung **kopflastig** nach vorne gedreht werden muss, bis der Steuerdruck durch das nach oben ausschlagende Trimmruder am Steuerhorn nicht mehr zu spüren ist.

Die Trimmruder am Seiten- und Querruder arbeiten nach dem gleichen Prinzip. Sie sollen eventuell auftretende Steuerdrücke in den Seitenruderpedalen oder am Steuerhorn (nach rechts oder links wirkend) ausgleichen.

4.3 Stabilität des Flugzeugs

Wir wissen nun, dass unser Flugzeug um alle drei Achsen (Längs-, Quer- und Hochachse) steuerbar ist. Wie verhält es sich mit der **Stabilität um die drei Achsen?** Wäre unser Flugzeug nur steuerbar und nicht auch um alle Achsen stabil, so müssten wir jede – auch die kleinste – Bewegung mit den zur Verfügung stehenden Rudern steuern und bei störenden Einflüssen (Turbulenzen, Böen usw.) sofort mit dem entsprechenden Ruder die Fluglage korrigieren, da das Flugzeug nicht wieder in seine ursprüngliche Fluglage zurückkehren würde. Um die Arbeit des Flugzeugführers zu erleichtern, haben unsere Flugzeugkonstrukteure sich etwas einfallen lassen. Sie gaben unseren Flugzeugen um alle drei Achsen eine **ausgewogene Stabilität**, die genau so ausgelegt ist, dass sie noch gut ohne zu großen Kraftaufwand zu steuern sind. Wäre diese Stabilität zu groß, so könnten wir unter Umständen das Flugzeug überhaupt nicht mehr oder nur mit sehr großem Kraftaufwand steuern.

Was ist nun Stabilität? Grundsätzlich können wir sagen, dass Stabilität eine Frage des Gleichgewichts ist. Erinnern wir uns einmal an die drei **Gleichgewichtszustände** aus der Physik:

1. stabil **2. indifferent** **3. labil**

Dann müssen wir noch zwischen der so genannten **„statischen Stabilität"** (Gleichgewicht der Lage) und der **„dynamischen Stabilität"** (Gleichgewicht der Bewegung) unterscheiden lernen. Die **statische Stabilität** ergibt sich aus der Tendenz eines Körpers, nach einer Störung des Gleichgewichts wieder in den Gleichgewichtszustand zurückzukehren, während die **dynamische Stabilität** sich auf den Verlauf der weiteren Bewegung in einer bestimmten Zeit bezieht. Anhand einer Kugel wollen wir uns zuerst etwas näher mit der **statischen Stabilität** befassen:

1. Stoßen wir unsere Kugel (Bild 4.15) in der Schale an, so versucht sie sofort in ihre Ausgangslage zurückzukehren. Nach einigem Hin- und Herrollen bleibt sie schließlich dort liegen, wo wir sie ursprünglich angestoßen hatten. **Unsere Kugel ist statisch stabil!**

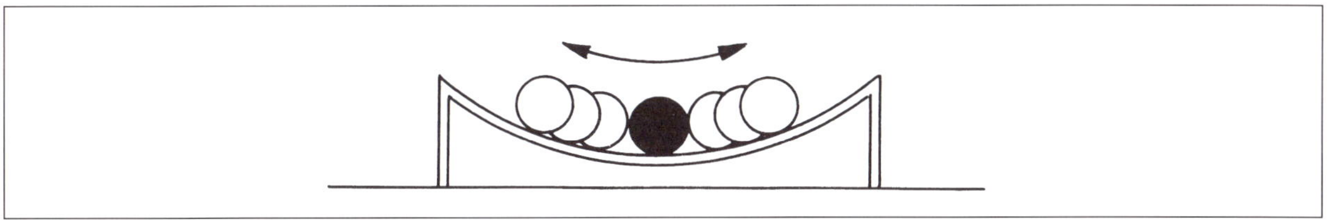

Bild 4.15 Statisch stabil

2. Stoßen wir unsere Kugel auf einer ebenen Fläche (Tisch) an, so rollt sie in der Richtung des Anstoßes weiter und bleibt irgendwo – wieder im Gleichgewichtszustand – liegen. Die Kugel findet überall auf dieser Ebene, wohin wir sie auch stoßen, ihr Gleichgewicht (ihre Ruhelage) wieder. **Sie ist statisch indifferent oder statisch neutral** (Bild 4.16)!

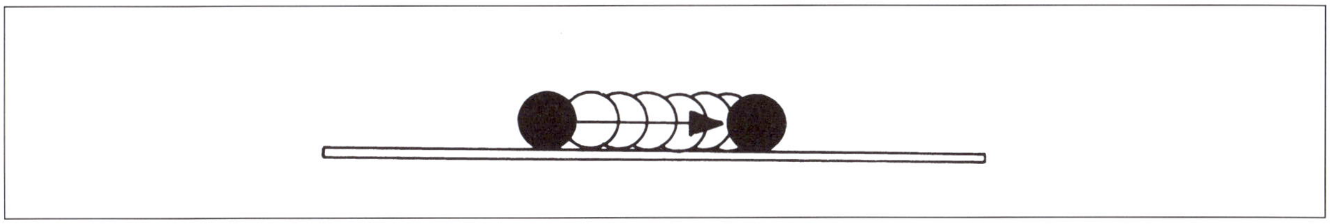

Bild 4.16 Statisch indifferent oder statisch neutral

3. Drehen wir die Schale aus dem ersten Beispiel und versuchen, die Kugel dort ins Gleichgewicht zu bringen, so ist das schon fast unmöglich. Sollte es jedoch mit viel Geduld gelingen, brauchen wir die Kugel nur anzutippen und sie gerät sofort aus dem Gleichgewicht. Sie entfernt sich immer schneller von ihrer Ausgangslage und kehrt nicht mehr dorthin zurück. **Sie ist statisch labil oder statisch instabil** (Bild 4.17)!

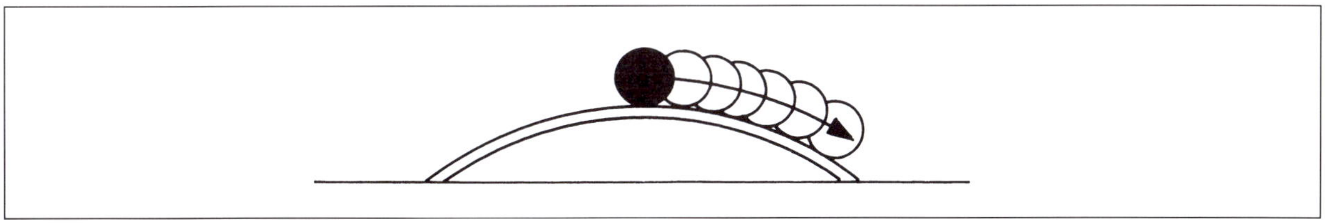

Bild 4.17 Statisch labil

Doch nun zur **dynamischen Stabilität**. Während die statische Stabilität etwas über die Tendenz eines Körpers aussagt, nach einer Störung des Gleichgewichts wieder in den Gleichgewichtszustand zurückzukehren, bezieht sich die **dynamische Stabilität** auf den Verlauf der Bewegung nach der Störung des Gleichgewichts in einer bestimmten Zeit (Bilder 4.18. a – c).

Die verschiedenen Bewegungen eines möglichen dynamischen Verhaltens eines Flugzeugs zeigen die nachfolgenden Bilder 4.18. a - c (der Flugzeugführer betätigt dabei nicht die Steuerorgane). Ein Flugzeug ist also **dynamisch stabil**, wenn wir es gut ausgetrimmt etwas andrücken, dann den Steuerknüppel oder das Steuerhorn loslassen und es pendelt sich selbst wieder in die ursprüngliche Fluglage ein (Bild 4.18. a).

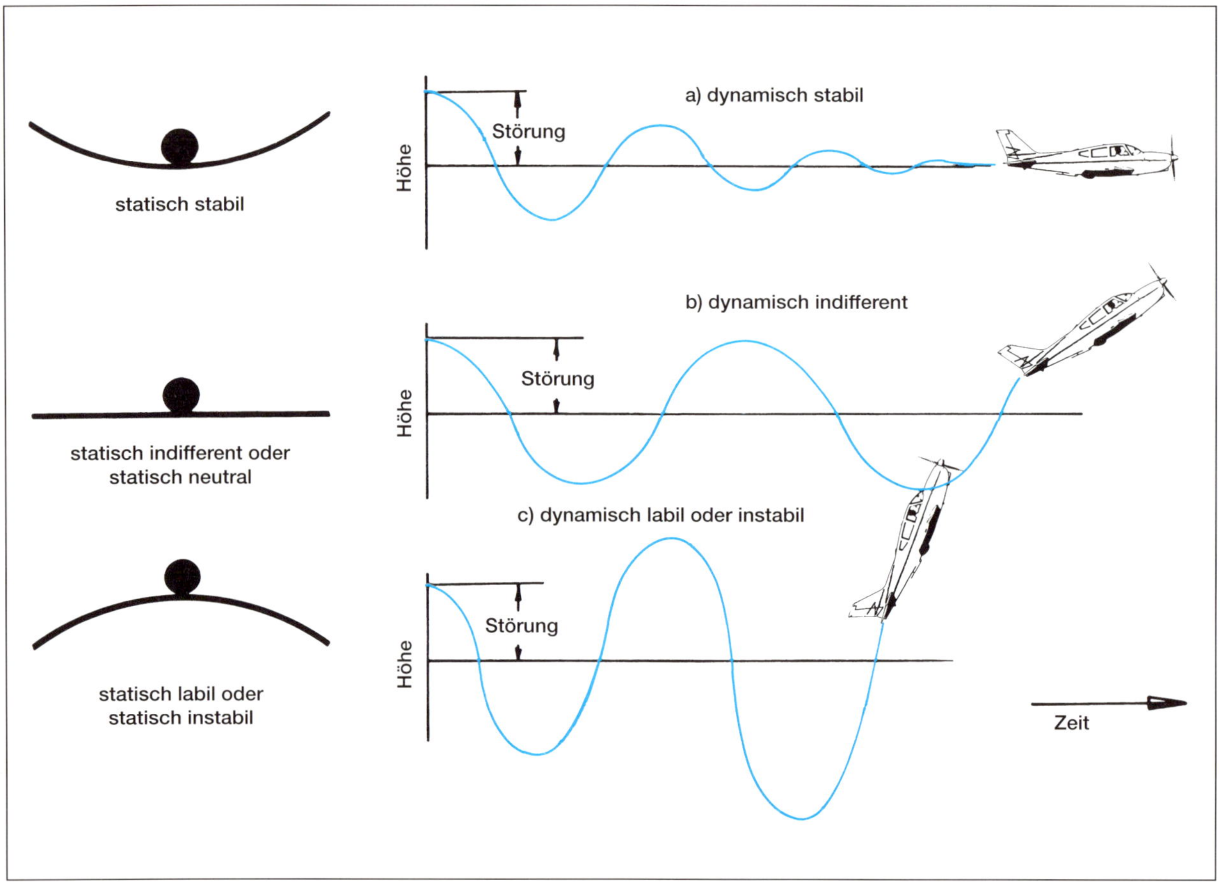

Bild 4.18 Dynamische Stabilität

Bei einer Störung um die Querachse kehrt ein dynamisch stabiles Flugzeug immer von selbst in die Ausgangsfluglage zurück!

Diese Eigenschaft weisen fast alle Sport- und Reiseflugzeuge auf, es sei denn, sie sind speziell für den Kunstflug vorgesehen.

Drücken wir ein **dynamisch indifferentes Flugzeug** etwas an oder ziehen es hoch und lassen dann das Steuerhorn los, so führt das Flugzeug immer wieder gleich große Schwingungen auf der nun folgenden Flugbahn aus. Es kehrt also nicht ohne eine Korrektur des Flugzeugführers in seine ursprüngliche Fluglage zurück (Bild 4.18. b).

Ein **dynamisch labiles oder instabiles Flugzeug** verhält sich nach einer Störung um die Querachse noch heftiger. Drücken wir ein solches Flugzeug etwas an oder ziehen es hoch und überlassen es dann sich selbst, so stellen wir mit Entsetzen fest, dass die Schwingungen immer größer werden, bis endlich die Strömung abreißt oder das Flugzeug abstürzt (Bild 4.18. c).

Für Schulung, Reiseflug und Instrumentenflug brauchen wir Flugzeuge, die um **alle drei Achsen stabil** sind. Steuerbarkeit und Stabilität müssen sehr gut ausgewogen sein (in einem bestimmten Verhältnis zueinander stehen). Das heißt, **das stabilisierende Moment**, das einer Bewegung des Flugzeugs entgegenwirkt oder sie dämpft, **muss kleiner sein als das eine Bewegung hervorrufende Moment (Steuerausschlag)**, denn anderenfalls hätten wir große Schwierigkeiten – oder es wäre überhaupt unmöglich – unser Flugzeug zu steuern.

Wir erinnern uns noch einmal: Ein Flugzeug kann sich um drei Achsen bewegen. **Es wendet oder giert um die Hochachse, kippt oder nickt um die Querachse und rollt um die Längsachse.** Daraus ergeben sich **drei Stabilitätskriterien,** die wir unbedingt auseinander halten müssen. Der Einfachheit halber wollen wir diese Achsen einzeln betrachten und fragen uns dabei Folgendes:

a) Um welche Achse dreht sich das Flugzeug?

b) In welche Richtung bewegt sich das Flugzeug?

Obwohl wir wissen, dass man die Achsen des Flugzeugs (ausgenommen die Querachse) nicht getrennt betrachten darf, wollen wir nun wider besseres Wissen so tun, als könne man es doch. Zuerst eine Aufstellung der drei Stabilitätskriterien:

a) Stabilität um die Querachse = Längsstabilität

b) Stabilität um die Hochachse = Richtungsstabilität oder Kursstabilität

c) Stabilität um die Längsachse = Querstabilität

Ziehen wir ein Flugzeug hoch oder drücken es etwas an, so verändert sich die Fluglage in **Längsrichtung** des Flugzeugs. Deshalb nennt man die Stabilität um die Querachse **Längsstabilität** oder man sagt, ein Flugzeug ist **längsstabil.**

Wie wird diese Längsstabilität erreicht? Bewegen wir das Flugzeug um die Querachse (Kippen oder Nicken), verändern wir gleichzeitig den Anstellwinkel und der Druckpunkt beginnt zu wandern. Wird der Anstellwinkel größer, wandert der Druckpunkt nach vorne, der Auftrieb greift am Tragflügel weiter vorne an und will nun den Tragflügel hier noch mehr aufrichten. Verkleinert sich der Anstellwinkel – der Druckpunkt wandert dabei nach hinten –, so greift der Auftrieb weiter hinten in Richtung Flügelhinterkante an und will dort den Tragflügel noch mehr anheben.

Bei größeren Anstellwinkeln bewirkt die Druckpunktwanderung nach vorne deshalb eine weitere Zunahme des Anstellwinkels, während bei negativen Anstellwinkeln eine weitere Verminderung des Anstellwinkels eintritt.

Unsere **Höhenflosse dämpft** jedoch diese **Druckpunktwanderung** erheblich und hält sie in Grenzen. Sie wird aus diesem Grund auch **Dämpfungs- oder Stabilisierungsflosse** genannt und hat während des Fluges im Horizontalflug (Normalfluglage) einen bestimmten Anstellwinkel, der kleiner ist als der des Tragflügels. Er beträgt nämlich 0° und erzeugt keinen Auftrieb. Vergrößern wir nun den Anstellwinkel des Tragflügelprofils (Ziehen), so wird auch der Anstellwinkel der Höhenflosse größer und sie erzeugt Auftrieb, der dem Auftrieb am Tragflügel entgegenwirkt. Bei negativem Anstellwinkel (Drücken) wird der Anstellwinkel der Höhenflosse ebenfalls negativ und bewirkt eine nach unten gerichtete Luftkraft (Abtrieb) an der Höhenflosse, die versucht, die Nase des Flugzeugs wieder aufzurichten (Bild 4.19).

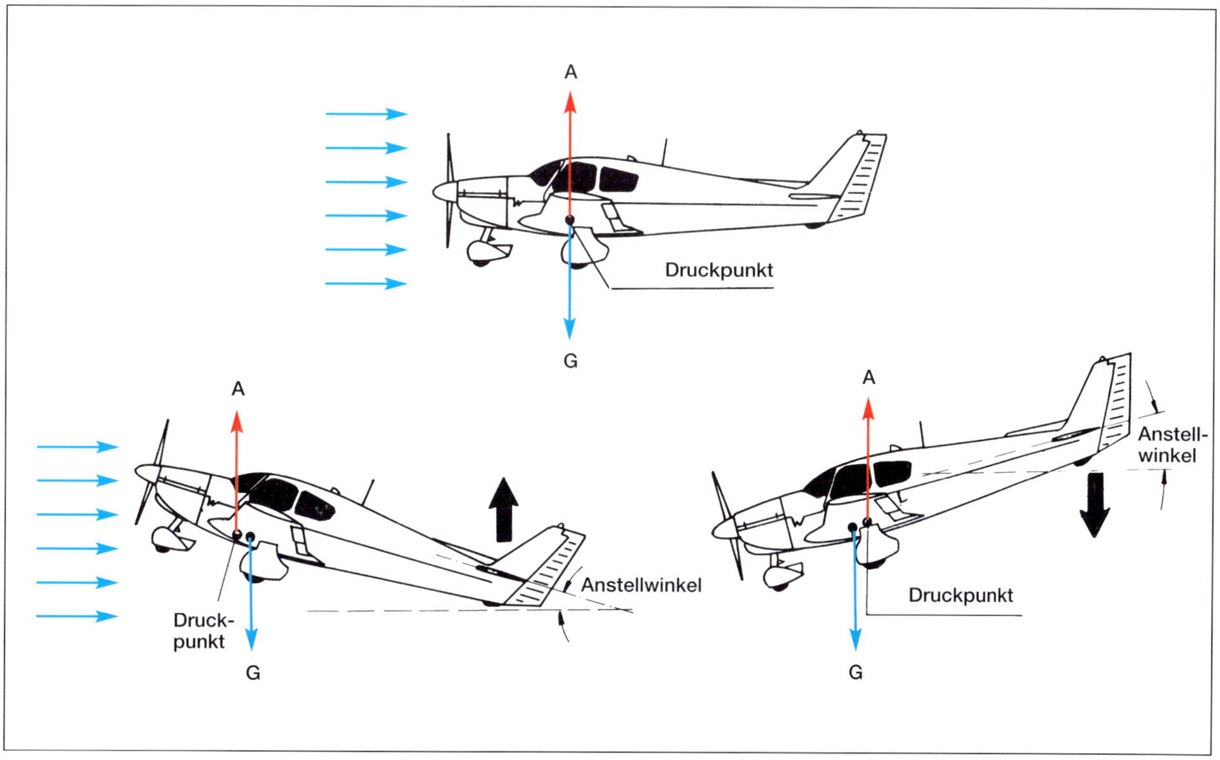

Bild 4.19 Die Höhen- oder Dämpfungsflosse gibt dem Flugzeug die Längsstabilität.

Ein Flugzeug ist **richtungs- oder kursstabil,** wenn es Störungen, die um die Hochachse auftreten, ohne Eingreifen des Flugzeugführers von selbst ausgleicht. Tritt eine solche Störung um die Hochachse auf, so wird das Flugzeug – vor allem das Seitenleitwerk mit der Seitenflosse – seitlich (schräg) angeblasen und es wird ein Moment ausgelöst, das der Störung entgegenwirkt. Das Flugzeug dreht sich wie eine Windfahne wieder zurück in die Strömungsrichtung – es ist richtungs- oder kursstabil (Bild 4.20).

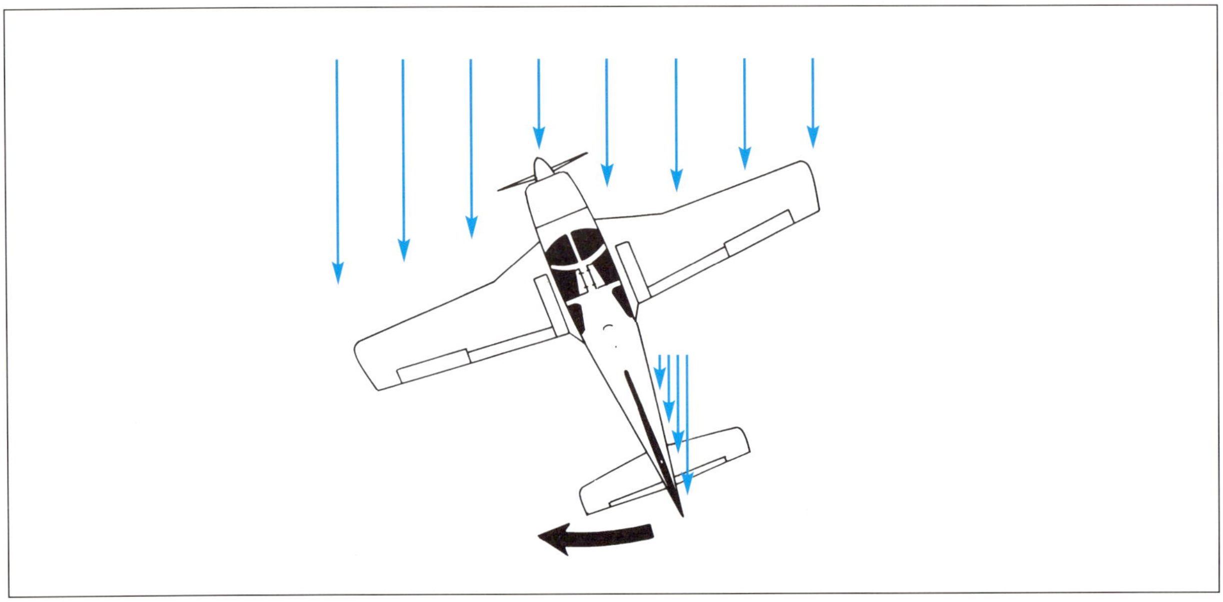

Bild 4.20 Das Flugzeug ist auf Grund der Windfahnenwirkung der Seitenflosse und des Rumpfes richtungs- oder kursstabil.

Rollt ein Flugzeug während des Fluges (bei Turbulenz) um die Längsachse und kehrt ohne Querruderkorrektur des Flugzeugführers wieder in die Normallage zurück, so ist es **querstabil.** Jedoch löst die Schräglage selbst nicht das rückführende Moment aus, sondern der sich senkende Tragflügel wird von unten und der sich hebende Tragflügel von oben her angeströmt. Diese **zusätzliche Anströmung** bewirkt eine Vergrößerung des Anstellwinkels am sich senkenden Tragflügel, während am nach oben gehenden Tragflügel der Anstellwinkel entsprechend kleiner wird. Die so entstehende Auftriebsdifferenz an den Tragflügeln verursacht ein so genanntes **Rolldämpfungsmoment,** das gegen die Drehung um die Längsachse wirkt, solange die Drehung anhält.

Geben wir in irgendeine Richtung Querruder (z. B. links), ohne dabei das Seitenruder zu betätigen, so schiebt das Flugzeug in Richtung des hängenden Tragflügels nach links (Rollwende- oder negatives Wendemoment). Der schiebende Tragflügel wird stärker angeströmt und erzeugt deshalb größeren Auftrieb, der ihn (den hängenden Tragflügel) wieder aufrichtet. Diese Auftriebszunahme am hängenden Tragflügel bewirkt ein stabilisierendes Rollmoment, das wir schon als so genanntes **Schieberollmoment** kennen gelernt haben (Bild 4.21).

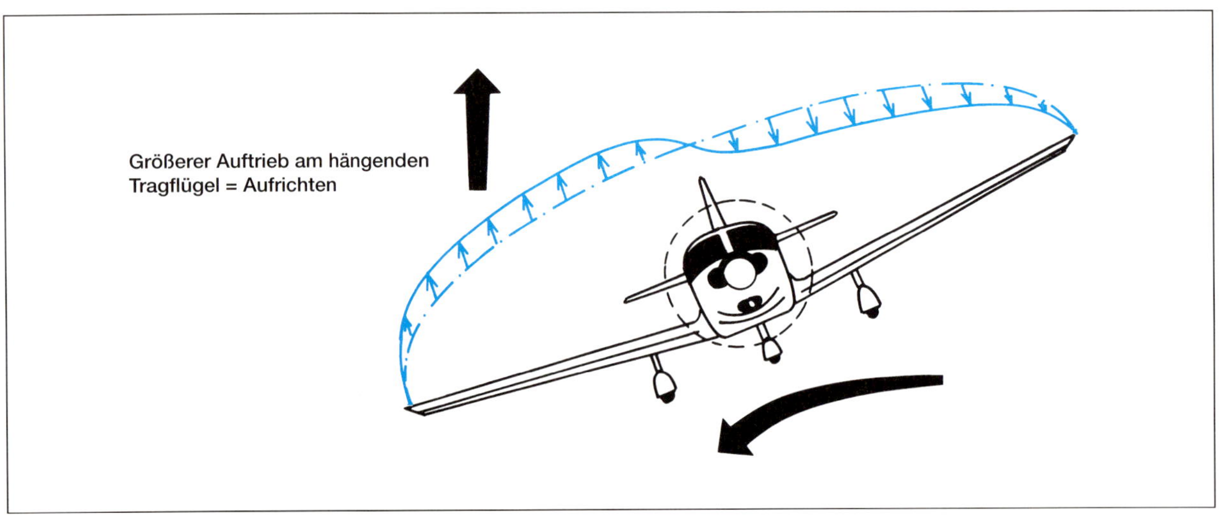

Bild 4.21 Querstabilität durch das Schieberollmoment

Bei der Betrachtung der Ruder und Achsen am Flugzeug haben wir festgestellt, dass die Längs- und die Hochachse zusammengehören.

Geben wir Querruder allein, so rollt das Flugzeug um die Längsachse und gleichzeitig tritt das negative Wendemoment – auch Rollwendemoment genannt – um die Hochachse auf. Betätigen wir das Seitenruder allein, giert oder wendet das Flugzeug um die Hochachse und rollt gleichzeitig um die Längsachse (Wenderollmoment). Deshalb gebrauchen wir beim sauberen koordinierten Fliegen immer beide Ruder gleichzeitig und gleichsinnig. Auch die Stabilität um beide Achsen ist nicht voneinander zu trennen. **Kurs- oder Richtungsstabilität und Querstabilität** werden zusammenfassend auch als **Seitenstabilität** bezeichnet. Diese Seitenstabilität kann durch folgende Konstruktionsmerkmale erreicht oder verbessert werden:

1. V-Form der Tragflügel

2. Pfeilform der Tragflügel

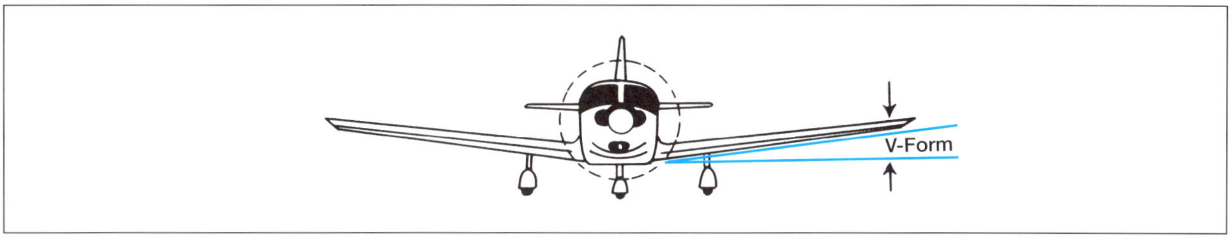

Bild 4.22 V-Form der Tragflügel fördert die Querstabilität.

Die V-Form des Tragflügels (Bild 4.22) ergibt sich aus dem Winkel der Tragflügeiebene und der horizontalen Ebene an der Flügelwurzel am Rumpf. Bei manchen Großflugzeugen scheint es so, als hätten sie eine negative V-Form (die Tragflügel hängen nach unten durch). Während des Fluges werden die Tragflügel jedoch durch die nun wirksamen Luftkräfte angehoben und bilden eine normale **V-Form, die die Querstabilität des Flugzeugs verbessert.**

Die Pfeilform eines Tragflügels ergibt sich aus dem Winkel der Tragflügelpfeilung und einer Linie, die rechtwinklig zur Flugzeuglängsachse verläuft. Wird ein Flugzeug mit Tragflügelpfeilung um die Hochachse gestört (gieren), entsteht am zurückbleibenden Tragflügel ein geringerer Widerstand, während der voreilende Tragflügel der Luftströmung eine beträchtlich größere Frontalfläche entgegenbietet (größerer Widerstand). Diese **Widerstandsdifferenz** erzeugt ein gegen die Störung um die Hochachse wirksames Moment, das dem Flugzeug eine **bessere Richtungs- oder Kursstabilität** verleiht (Bild 4.23).

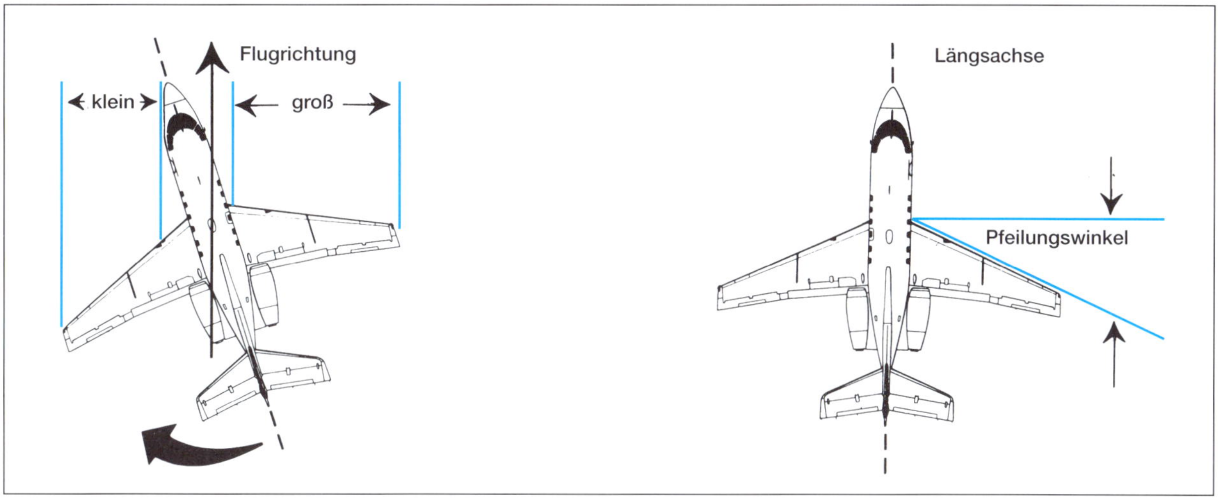

Bild 4.23 Pfeilform der Tragflügel fördert die Kurs- oder Richtungsstabilität.

Wir fassen noch einmal zusammen:

a) Die **Längsstabilität um die Querachse** wird durch die **Höhenflosse** und den dazugehörigen Hebelarm erreicht.
b) Die **Richtungs- oder Kursstabilität um die Hochachse** erhält ein Flugzeug in erster Linie durch die **Seitenflosse** und die **Seitenfläche des Rumpfes** hinter dem Schwerpunkt des Flugzeugs. Die Richtungs- oder Kursstabilität kann **durch Tragflügelpfeilung verbessert** werden.
c) Die **Querstabilität um die Längsachse** beschert uns das **Schieberollmoment** (Bild 4.21). Es richtet den hängenden Tragflügel auf, der durch das Schieben größeren Auftrieb erzeugt. **V-Form der Tragflügel** verbessert die Querstabilität.

C Die richtige Beladung des Flugzeugs (Weight and Balance)

5.1 Der Schwerpunkt (Center of Gravity)

Der Schwerpunkt eines Flugzeugs (CG = center of gravity) ist der **Massenmittelpunkt des Flugzeugs**, das heißt, es ist der Punkt des Flugzeugs, bei dem es sich (entweder frei aufgehängt oder unterstützt) im Gleichgewicht befindet. Man könnte auch sagen, es ist der Punkt, durch den die Resultierenden des Gewichts der verschiedenen Teile des Flugzeugs verlaufen.

Ein Flugzeug befindet sich im perfekten Gleichgewicht, wenn alle Einzelgewichte so verteilt sind, dass es weder nach vorne noch nach hinten abkippt, wenn es am Schwerpunkt (CG) frei aufgehängt wird. In der Praxis ist es aber gar nicht so einfach, ein Flugzeug so genau zu beladen (Öl, Kraftstoff, Pilot, Passagiere, Gepäck), dass es sich im perfekten Gleichgewicht befindet. Deshalb hat der Konstrukteur des Flugzeugs einen so genannten **„zulässigen Schwerpunktbereich"** festgelegt, in dem der Schwerpunkt (CG) sich nach vorne oder hinten verlagern darf. Die **höchstzulässige** vordere und hintere **Schwerpunktlage** des Flugzeugs ist immer im **Flughandbuch** (Wägebericht und Schwerpunktbestimmung) zu finden. Diese Werte dürfen niemals überschritten werden und der **Flugzeugführer ist verpflichtet, vor jedem Flug festzustellen, ob der Schwerpunkt des Flugzeugs in diesem zulässigen Schwerpunktbereich liegt!**

Eine Missachtung dieser Vorschrift hat schon oft – besonders in kritischen Situationen – schwere Unfälle heraufbeschworen. Die Bilder 5.1. a – c zeigen uns drei Flugzeuge mit verschiedener Schwerpunktlage.

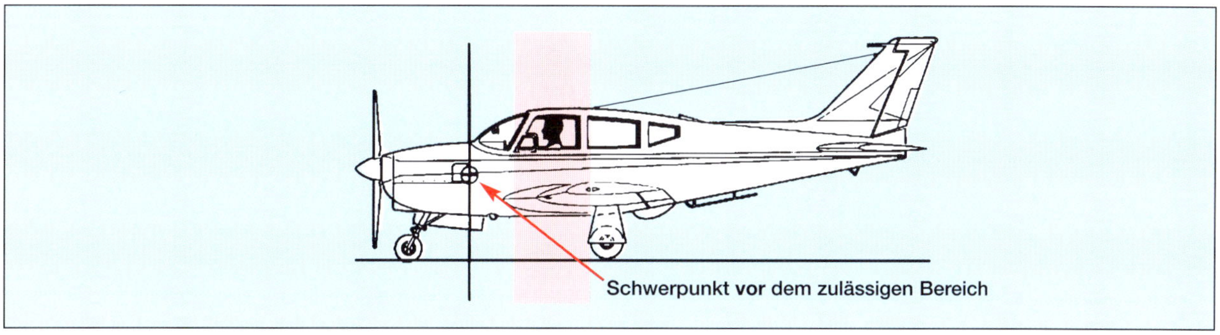

Bild 5.1. a **Flugzeug falsch beladen!** Schwerpunkt befindet sich **vor** dem zulässigen Bereich.

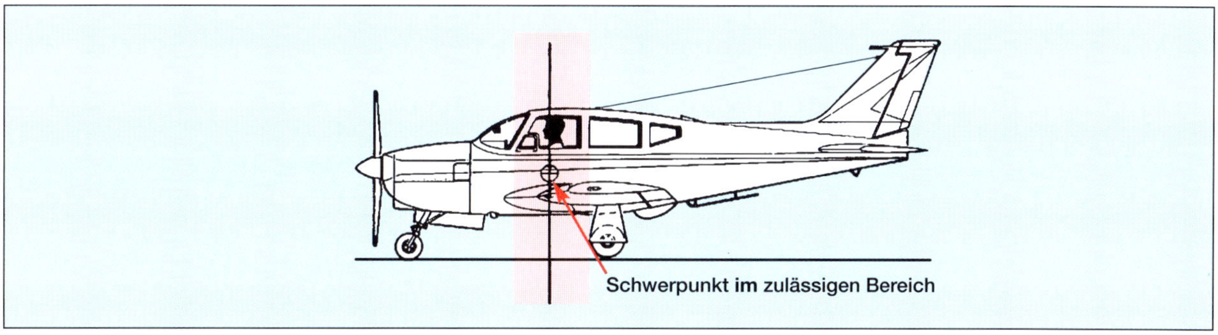

Bild 5.1. b **Flugzeug richtig beladen!** Schwerpunkt befindet sich **im** zulässigen Bereich.

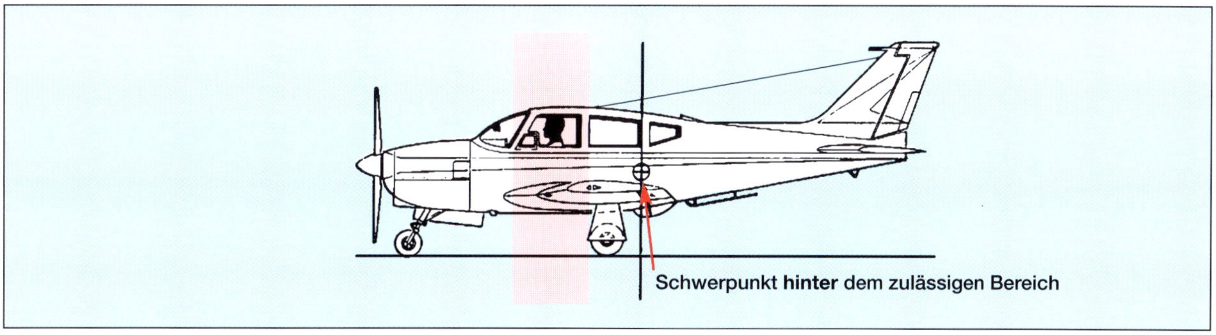

Bild 5.1. c **Flugzeug falsch beladen!** Schwerpunkt befindet sich **hinter** dem zulässigen Bereich.

Bild 5.1. a – Das Flugzeug ist so beladen, dass der **Schwerpunkt vor dem zulässigen Bereich** liegt. Es würde folgende **ungünstige** Eigenschaften aufweisen:

- **Starke Belastung des Bugrads** (Bei Flugzeugen mit Heckrad – z. B. PA 18 – Überschlagstendenz)!
- **Schlechtere Flugleistungen!**
- **Höhere Überziehgeschwindigkeit (stalling speed = V_S)!**
- **Höherer Steuerdruck am Höhenruder!**

Bild 5.1. b – Flugzeug ist richtig beladen, der **Schwerpunkt liegt im zulässigen Bereich!**

Bild 5.1. c – Flugzeug ist falsch beladen, der **Schwerpunkt liegt hinter dem zulässigen Bereich!** Dieses Flugzeug weist folgende **gefährliche Eigenschaften** auf:

- **Schlechtere statische und dynamische Längsstabilität!**
- **In bestimmten Flugzuständen (z. B. Strömungsabriss) ist das Flugzeug nur sehr schwer oder gar nicht zu kontrollieren!**
- **Gefährliches Überziehverhalten!** Ein so beladenes Flugzeug kann ins **„Flachtrudeln"** geraten!
- **Kaum spürbarer Steuerdruck am Höhenruder!** Das Flugzeug kann deshalb unbeabsichtigt überbelastet werden (zu hohe G-Belastung).

5.2 Bei der Beladung von Leichtflugzeugen zu beachtende Massen (Gewichte)

1. **Die Leermasse (Leergewicht)** ist die Grundmasse (Grundgewicht) des Flugzeugs. Darin sind folgende Einzelmassen (Einzelgewichte) enthalten: die Struktur des Flugzeugs, Triebwerk, Ausrüstung, nicht ausfliegbarer Kraftstoff, nicht ablassbares Öl und Hydraulik-Flüssigkeit.
2. **Die Zuladung oder Nutzlast** besteht aus den Massen (Gewichten) des Flugzeugführers, der Passagiere, des Gepäcks, des ausfliegbaren Kraftstoffs und des ablassbaren Öls.
3. **Die Gesamtmasse (Gesamtgewicht)** ergibt sich aus der Addition der Leermasse (Leergewicht) und der Zuladung oder Nutzlast. Sie wird auch Startmasse (Startgewicht) genannt.

Ist ein Flugzeug so beladen, dass es die nach dem Flughandbuch maximal mögliche Zuladung **(Höchstzuladung)** an Bord hat, dann nennt man diese Gesamtmasse auch **höchstzulässige Startmasse** (im Flughandbuch unter Abschnitt „Betriebsgrenzen" festgelegt).

Obwohl jedes Flugzeug für eine bestimmte höchstzulässige Startmasse zugelassen ist, so ist doch **nicht immer ein sicherer Start mit dieser Masse** möglich. Wir haben schon unter **Abschnitt 3.5 („Auswirkung der Luftdichte auf Auftrieb und Widerstand")** festgestellt, dass bestimmte Bedingungen wie **hochgelegene Plätze, hohe Lufttemperaturen und hohe Luftfeuchtigkeit die Startleistung und den Steigflug sehr negativ beeinflussen** können. Unter solchen Umständen kann es notwendig werden, dass die Startmasse begrenzt werden muss! Hier spielen auch noch andere Dinge eine wichtige Rolle (Startbahnoberfläche, Startbahnlänge und Hindernisse nach dem Start), die wir im Kapitel 4 „Flugleistungen und Flughandbuch", Band 3, Technik II, genau kennen lernen werden. Bei vielen modernen Sport- und Reiseflugzeugen hat der Flugzeugführer bei der Beladung des Flugzeugs oft nur **die Wahl zwischen voller Zuladung** bezogen auf die Passagiere und Gepäck **mit begrenzter Kraftstoffmenge** (geringere Reichweite) oder **maximaler Kraftstoffmenge** (größere Reichweite) **mit begrenzter Passagierzahl oder weniger Gepäck.**

Wir wissen aber auch schon, dass nicht nur die Menge der Zuladung berücksichtigt werden muss. Wir müssen ebenso prüfen, ob die Zuladung so im Flugzeug untergebracht ist, dass der Schwerpunkt des Flugzeugs (CG = center of gravity) im zulässigen Schwerpunktbereich liegt (Flughandbuch, Abschnitt „Wägebericht und Schwerpunktbestimmung"). **Dieser Bereich liegt gewöhnlich im ersten Drittel der Flügelwurzel** (dort, wo die Tragflügel am Rumpf befestigt sind), und er ist für jeden Flugzeugtyp vom Hersteller festgelegt worden.

Oft findet man in Leichtflugzeugen **Hinweisschilder für die richtige Beladung** (zum Beispiel im Gepäckraum oder auf der Gepäckablage). Wenn Sie diese Hinweisschilder beachten, können Sie das Flugzeug ohne Berechnung der Schwerpunktlage beladen. **Achten Sie aber darauf, dass die maximale Gepäckmasse nicht überschritten wird,** denn der Gepäckraum liegt bei fast allen Flugzeugen hinter dem Schwerpunkt des Flugzeugs. Wird also hier zu viel Nutzlast untergebracht, so kann der Schwerpunkt sich aus dem zulässigen Bereich nach hinten verlagern (siehe Bild 5.1. c)!

Sind **keine Hinweisschilder für die Beladung** vorhanden, dann müssen wir die **Schwerpunktlage mit Hilfe des Flughandbuchs selbst bestimmen** und feststellen, ob der Schwerpunkt im zulässigen Bereich liegt, denn ein Flugzeug, dessen Schwerpunkt außerhalb dieses Bereichs liegt **(auch wenn die höchstzulässige Startmasse nicht überschritten wird!)**, kann gefährliche Flugeigenschaften entwickeln (siehe Bilder 5.1. a-c und dazugehörigen Text).

Zusätzlich eingebaute Ausrüstungsteile (z. B. Avionikgeräte) können den Schwerpunkt und die Leermasse des Flugzeugs ändern. **Die Werte stimmen dann nicht mehr mit denen des Flughandbuchs überein!** Überzeugen Sie sich deshalb nach dem Einbau solcher zusätzlichen Ausrüstungsteile immer, dass ein **neuer Wägebericht mit neuer Schwerpunktbestimmung** erstellt worden ist. Dafür sind im Flughandbuch (Abschnitt „Wägebericht und Schwerpunktbestimmung") Seiten reserviert.

5.3 Berechnung der Schwerpunktlage und der Startmasse nach Ladeplan

Die Berechnung der Schwerpunktlage eines Flugzeugs ist relativ einfach.

In einem Flugzeug kann an verschiedenen Stellen Zuladung in Form von Kraftstoff, Gepäck und Personen untergebracht werden. Diese Zuladestellen werden bei der Berechnung der Schwerpunktlage (Ladeplan) als **Stationen** bezeichnet. Jede der Zuladestationen wird von einer so genannten **Bezugsebene** (entweder Spinnernase oder Brandschott) aus genau ausgemessen und festgelegt. Das **Maß von der Bezugsebene zur Station** stellt einen so genannten **Hebelarm** dar. Jetzt müssen wir uns kurz an die Hebelgesetze aus der Physik erinnern. An der Zuladestation (Ende des Hebelarms) wird durch die Beladung **eine Kraft (die Masse der Zuladung)** wirksam.

Multipliziert man diese Kraft (Masse in kg) mit dem Maß des Hebelarms (in cm oder m), so ergibt sich ein so genanntes Drehmoment (Produkt aus Kraft und Abstand von der Drehachse), das **in kgcm oder kgm** ausgedrückt wird.

Für jede Station wird nun das Drehmoment gesondert nach folgender Formel ausgerechnet:

Drehmoment = Kraft (Masse) x Hebelarm

Am Ende der Rechnung erhalten wir durch Addition eine **Gesamtkraft (Gesamtmasse)** und ein **Gesamtmoment**.

Zur Berechnung der Schwerpunktlage brauchen wir jetzt nur noch das **Gesamtmoment durch die Gesamtkraft (Gesamtmasse) zu dividieren** und wir haben den **Schwerpunkt (Schwerpunktlage)** des Flugzeugs ermittelt.

$$\text{Schwerpunktlage} = \frac{\text{Gesamtmoment}}{\text{Gesamtkraft (Gesamtmasse)}}$$

Berechnungsbeispiel für ein zweisitziges Flugzeug

- Höchstzulässige Startmasse: **700 kg**
- Zulässiger Schwerpunktbereich (von der Bezugsebene aus gemessen): **230 bis 260 cm**
- Zuladung an den verschiedenen Stationen:
  1. Sitze (2): **150,0 kg,** Abstand von der Bezugsebene (Spinnernase): **238 cm**
  2. Kraftstoff: **56,0 kg,** Abstand von der Bezugsebene: **289 cm**
  3. Gepäck: **12,5 kg,** Abstand von der Bezugsebene: **307 cm**

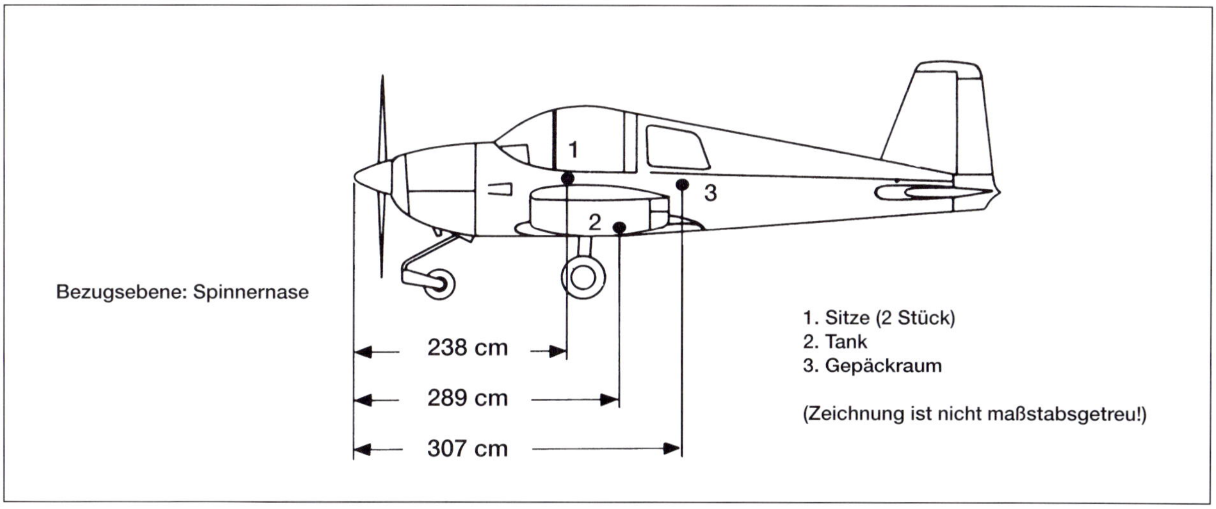

Bild 5.2 Der Ladeplan

Wir stellen nun einen so genannten **Ladeplan** nach folgendem Schema auf und tragen dort alle für die Berechnung benötigten Daten ein:

Station	Kraft (Masse) x	Hebelarm =	Drehmoment
	Masse (Kraft) in kg	Hebelarm in cm	Drehmoment in kgcm
Leermasse	474,5 kg	◀ **laut Flughandbuch** ▶	112 315,0 kgcm
1. Sitze	150,0 kg	238 cm	35 700,0 kgcm
2. Kraftstoff	56,0 kg	289 cm	16 184,0 kgcm
3. Gepäck	12,5 kg	307 cm	3 837,5 kgcm
Gesamtmasse (Gesamtkraft) =	**693,0 kg**	**Gesamtmoment** =	**168 036,5 kgcm**

Nach der Formel für die Berechnung der Schwerpunktlage (Gesamtmoment : Gesamtkraft [Gesamtmasse]) ermitteln wir nun, ob der Schwerpunkt im zulässigen Bereich (in unserem Fall 230 bis 260 cm) liegt:

$$\frac{\textbf{Gesamtmoment}}{\textbf{Gesamtmasse}} = \frac{\textbf{168 036,5}}{\textbf{693}} = \textbf{242,48 cm}$$

- Der **Schwerpunkt** liegt also bei dieser Beladung im zulässigen Schwerpunktbereich von 230 bis 260 cm.
- Die **höchstzulässige Startmasse** (hier 700 kg) ist nicht überschritten. Das Flugzeug wiegt jetzt 693 kg.

5.4 Berechnung der Schwerpunktlage und der Startmasse nach Tabellen und Beladungsdiagrammen

In den meisten Flughandbüchern für Leichtflugzeuge finden wir heute **Tabellen und Beladungsdiagramme**, die uns die **Berechnung der Startmasse und der Schwerpunktlage** im Rahmen der Flugvorbereitung wesentlich erleichtern.

Bei der Anwendung dieser Methode müssen wir lediglich die **einzelnen Beladungsmassen** und die **dazugehörigen Beladungsmomente** in eine **Tabelle („Berechnung des Beladungszustands", siehe Bild 5.4)** eintragen und addieren. Die **Leermasse** (auch Grund- oder Nettomasse genannt) mit dem entsprechenden **Leermassenmoment** ist dem **letzten Wägungsnachweis** des Luftfahrzeugs zu entnehmen und ebenfalls in die Tabelle einzutragen. Danach gehen wir mit der **errechneten Gesamtmasse** (auch Flugmasse oder Startmasse genannt) und dem **Gesamtmoment** (Flugmassenmoment) in ein **Diagramm (siehe Bild 5.7, „Zulässiger Schwerpunktbereich")** und ermitteln, ob der **Schwerpunkt** unseres Flugzeugs **innerhalb des zulässigen Bereichs** liegt.

Wir wollen uns nun auf den folgenden Seiten mit den Daten des Flughandbuchs eines überall bekannten einmotorigen, viersitzigen Luftfahrzeugs (Cessna F172M) durch ein Rechenbeispiel mit der Methode der Ermittlung der Schwerpunktlage und der Startmasse/Flugmasse nach Beladungsdiagrammen und Tabellen vertraut machen.

Unser **Musterflugzeug** ist mit **Standardtanks** ausgerüstet und wird in der Kategorie **Normalflugzeug** betrieben. Dem Flughandbuch, Abschnitt „Betriebsgrenzen“, entnehmen wir zuerst die **höchstzulässigen Massen** und die **maximal möglichen Kraftstoffmengen** (Bild 5.3).

Höchstzulässige Massen

Als Normalflugzeug:	Höchstzulässige Startmasse:	1 043 kg
	Höchstzulässige Landemasse:	1 043 kg
	Höchstzulässige Masse im Gepäckbereich (Gepäck oder Fluggast auf Kindersitz):	54 kg

Maximale Kraftstoffmengen

2 Standardtanks:	Je 79,5 l
Gesamtfassungsvermögen:	159,0 l
Ausfliegbare Menge: (alle Flugbedingungen)	144,0 l
Nicht ausfliegbare Menge:	15,0 l

Bild 5.3 Höchstzulässige Massen und maximale Kraftstoffmengen

Der letzte **gültige Wägungsnachweis** des Luftfahrzeugs gibt, wie schon erwähnt, Auskunft über die **aktuelle Leermasse** (Grundmasse/Nettomasse) und das **dazugehörige Moment**. In unserem Beispiel beträgt die **Leermasse 618,8 kg** und das **entsprechende Leermassenmoment/1 000** beträgt **59,6** (= 59 600 kgcm). Diese Werte werden in die nachfolgende **Tabelle** mit der Bezeichnung **„Berechnung des Beladungszustands“** eingetragen:

Berechnung des Beladungszustands	Musterflugzeug (Beispiel)		Ihr Flugzeug	
	Masse kg	Moment/1 000 kgcm	Masse kg	Moment/1 000 kgcm
1. Leermasse (Musterflugzeug)	618,8	59,6		
2. Öl 7,6 l (Das Gewicht der vollen Ölauffüllung kann für alle Berechnungen verwendet werden)	6,8	– 0,2	6,8	– 0,2
3. Kraftstoff (Standardtank) 144 l mit 0,72 kg/l Kraftstoff (Langstreckentank) 182 l mit 0,72 kg/l	103,7	12,5		
4. Pilot und vorderer Fluggast: Hebelarm 86 bis 117 cm	154,0	14,5		
5. Hintere Fluggäste	154,0	28,5		
6. Gepäck oder Fluggast auf Kindersitz: Hebelarm 208 bis 274 cm	6,0	1,5		
7. **Flugmasse und Moment**	**1 043,3**	**116,4**		
8. Diesen Punkt (116,4 kgcm/1 000 bei 1 043,3 kg) auf dem Diagramm für den zulässigen Schwerpunktbereich suchen. Da er in den zulässigen Bereich fällt, ist dieser Beladungszustand zulässig.				

Bild 5.4 Tabelle zur Berechnung des Beladungszustands

In unserem **Musterflugzeug** liegt die **Masse des Motorenöls** von **6,8 kg** (= 7,6 l oder 8 qts) **vor der Bezugsebene**, die hier durch das **Brandschott** gebildet wird. Deshalb ist das **dazugehörige Moment** mit einem **negativen Vorzeichen** versehen und muss in der Berechnung des Gesamtmoments **subtrahiert** werden.

Diese **Tabellen zur Berechnung des Beladungszustands** sind im Flughandbuch abgedruckt. Sie müssen von uns mit den **entsprechenden Massen- und Momentwerten** der **einzelnen Beladungsmassen** ausgefüllt werden. Die **Momente der verschiedenen Beladungsmassen** entnehmen wir dem nachfolgend abgebildeten **Beladungsdiagramm:**

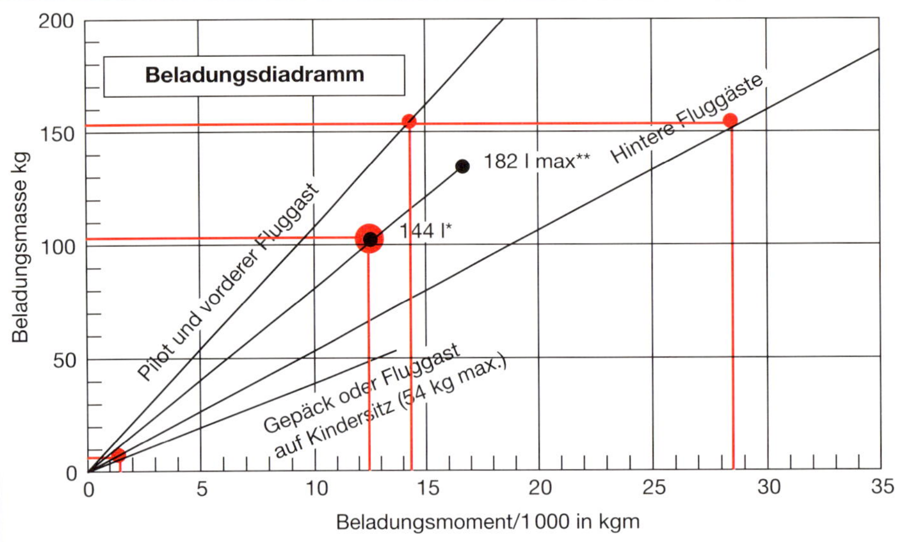

Anmerkungen:

1. Die Linien, welche die verstellbaren Sitze darstellen, repräsentieren den durchschnittlichen Hebelarm der Sitzeinstellung für den Piloten und die Fluggäste. Bezüglich der vorderen und hinteren Hebelarmbegrenzungen der Sitze siehe auch Bild 5.6.
2. Triebwerksöl: 7,6 l = 6,8 kg, Moment/1 000 = – 0,2 kgcm

* Standardtanks
** Langstreckentanks

Bild 5.5 Beladungsdiagramm

Beladungsanordnung

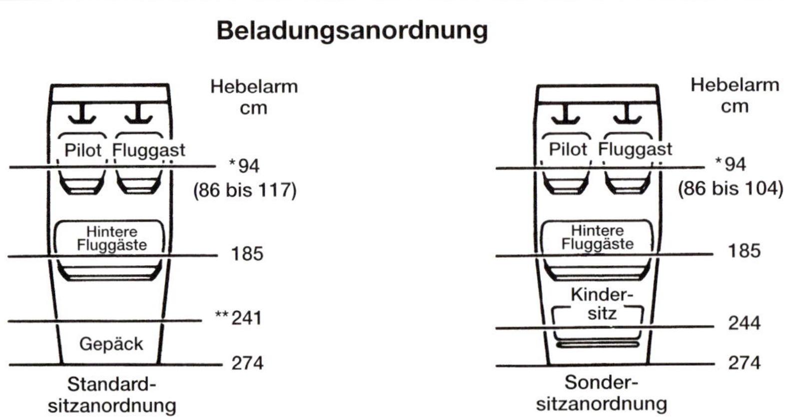

* Hebelarm der auf den durchschnittlichen Wert eingestellten horizontal verstellbaren Piloten- oder Fluggastsitze. Die Zahlen in Klammern geben die Hebelarme der Sitzverstellbereiche an.
** Hebelarme, gemessen bis zur Mitte der dargestellten Bereiche.

Anmerkung:
Die hintere Gepäckraumwand (etwa bei Station 274 cm) kann sehr gut als innenliegende Bezugsebene für die Bestimmung der Lage der Gepäckraumstation benutzt werden.

Bild 5.6 Beladungsanordnung

Die **Zuladung** unseres **Musterflugzeugs** (Beispiel aus Bild 5.4) besteht aus

- der **Masse des ausfliegbaren Kraftstoffs** von 144 l x 0,72 = **103,7 kg,**
- der **Masse des Piloten** und des **vorderen Fluggastes** von **154 kg,**
- der **Masse der hinteren Fluggäste** von **154 kg** und
- der **Masse des Gepäcks** von **6,0 kg.**

Mit diesen einzelnen Beladungsmassen gehen wir nun in das **Beladungsdiagramm** aus Bild 5.5 und ermitteln die **entsprechenden Beladungsmomente/1 000** für

- den **Kraftstoff** mit **12,5** (= 12 500 kgcm),
- den **Piloten** und den **vorderen Fluggast** mit **14,5** (= 14 500 kgcm),
- die **hinteren Fluggäste** mit **28,5** (= 28 500 kgcm) und
- das **Gepäck** mit **1,5** (= 1 500 kgcm).

Jetzt werden die einzelnen **Massen und Momente addiert** (im Falle des Motorenöls muss das Moment subtrahiert werden!). Daraus ergeben sich für unser **Musterflugzeug** folgende Werte:

- **Gesamtmasse** (Flugmasse/Startmasse) = **1 043 kg** und
- **Gesamtmoment** (Flugmassen- oder Startmassenmoment)**/1 000 = 116,4** (= 116 400 kgcm).

Diese abschließend ermittelten Werte übertragen wir in das **folgende Diagramm** mit der Bezeichnung **zulässiger Schwerpunktbereich** und überprüfen, ob der **Schwerpunkt innerhalb des zulässigen Bereichs** liegt (Bild 5.7).

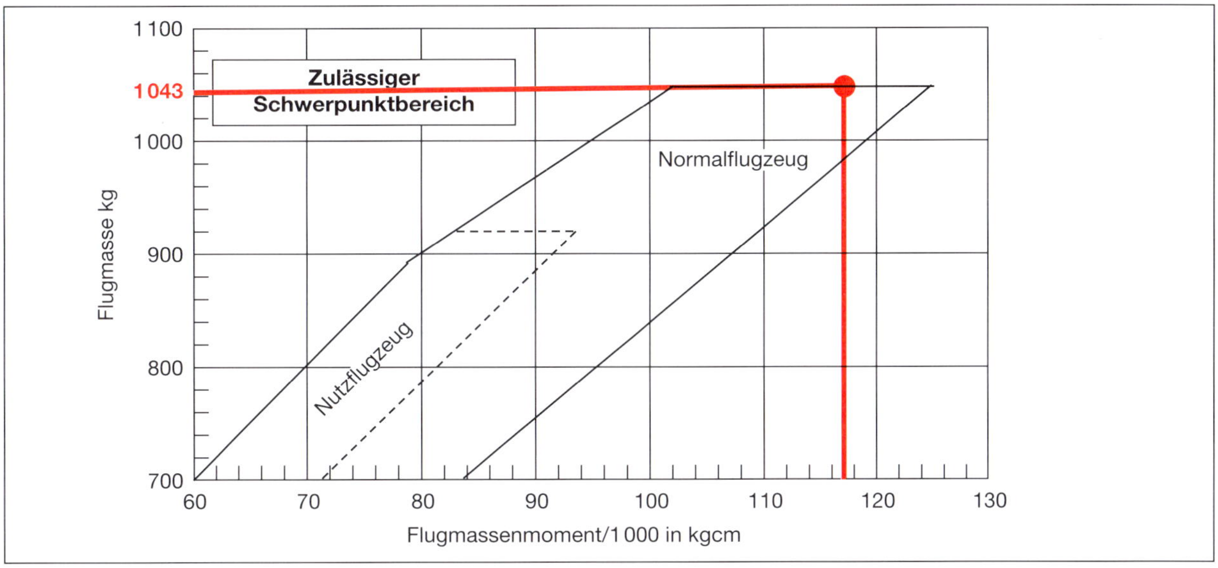

Bild 5.7 Zulässiger Schwerpunktbereich

Wir stellen fest, dass in unserem Beispiel der **Schwerpunkt des Flugzeugs im zulässigen Bereich** liegt und der **Beladungszustand gemäß Flughandbuch zulässig ist.**

D Belastung und Lastvielfache

Im Horizontalflug bei konstanter Geschwindigkeit werden die Tragflügel eines Flugzeugs genau mit der Gesamtmasse belastet. Auftrieb und Schwerkraft *(g)* sind gleiche Größen, und solange das Flugzeug horizontal ohne Änderung der Geschwindigkeit weiterfliegt, ändert sich die Belastung nicht.

Nimmt das Flugzeug aber eine **gekrümmte Flugbahn** ein (alle Arten von Kurven, Abfangen aus Bahnneigungs- oder Sturzflügen, abrupte Höhenruderbetätigung), so **wächst die Belastung aufgrund der wirksam werdenden Zentrifugalkraft beträchtlich an.** Diese zusätzliche Kraft belastet natürlich die Struktur der Tragflügel und der Zelle. Wird sie zu groß, dann können schwer wiegende Schäden in der Struktur des Flugzeugs auftreten.

6.1 Das Lastvielfache

In Kurven wirkt also – wie schon erwähnt – zusätzlich zur Schwerkraft (Gesamtmasse des Flugzeugs) noch die Zentrifugalkraft auf das Flugzeug ein. Beide Kräfte zusammen ergeben eine Gesamtkraft, die um das so genannte **Lastvielfache „*g*"** größer ist als die Schwerkraft. Man geht davon aus, dass die normale Schwerkraft den Wert 1 (1 *g*) hat. **Das Lastvielfache** muss demnach **im Kurvenflug** (gekrümmte Flugbahn) **immer größer als die Gesamtmasse (= Schwerkraft = 1 *g*) des Flugzeugs** sein!

Mathematisch lässt sich das Lastvielfache im Kurvenflug leicht ermitteln. Es ist gleich dem **Secans (reziproker Wert des Cosinus) der Schräglage des Flugzeugs.**

Daraus ergeben sich (unabhängig von der Gesamtmasse des Flugzeugs) folgende Lastvielfache bei sauber geflogenen Kurven:

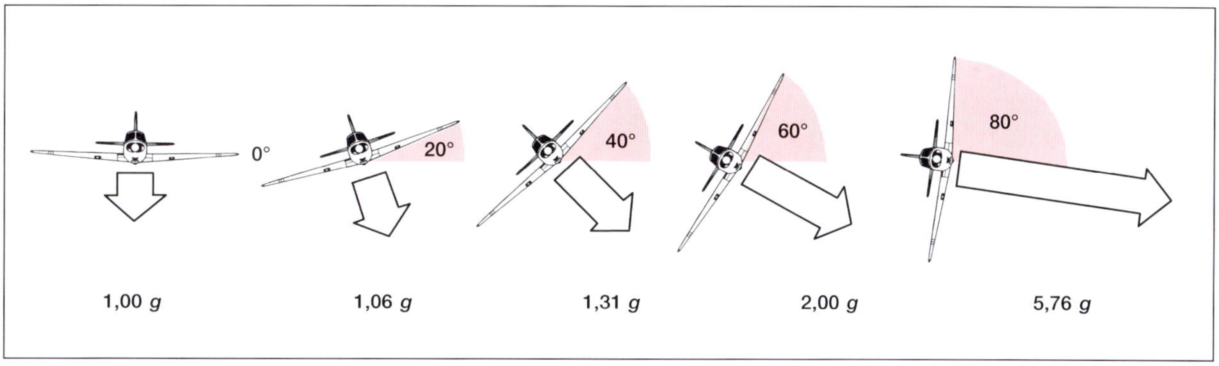

Bild 6.1 Lastvielfache im Kurvenflug

Aus dem Bild 6.1 geht hervor, dass das Lastvielfache mit zunehmender Schräglage zuerst langsam, dann aber **bei Schräglage über 40° rapide anwächst**. Die Zahlen unter den Flugzeugen und die Länge der Pfeile zeigen uns das Verhältnis der Zunahme des Lastvielfachen bezogen auf die Schwerkraft (= 1 *g* = Gesamtmasse des Flugzeugs). **Bei 60° Schräglage** hat sich das **Lastvielfache verdoppelt** und **bei 80° Schräglage schon fast versechsfacht!**

Auch der Flugzeugführer spürt das größer werdende Lastvielfache. Bei 60° Schräglage verdoppelt sich sein Körpergewicht! Er wird jetzt – wiegt er normalerweise 75 kg – mit einem Gewicht von 150 kg in den Sitz gedrückt. Wächst die Belastung auf das Vier- bis Sechsfache seines Körpergewichts an (Kurven mit 75° bis 80° Schräglage), so kann eine **vorübergehende Bewusstlosigkeit (Black-out)** infolge von Blutleere im Gehirn auftreten.

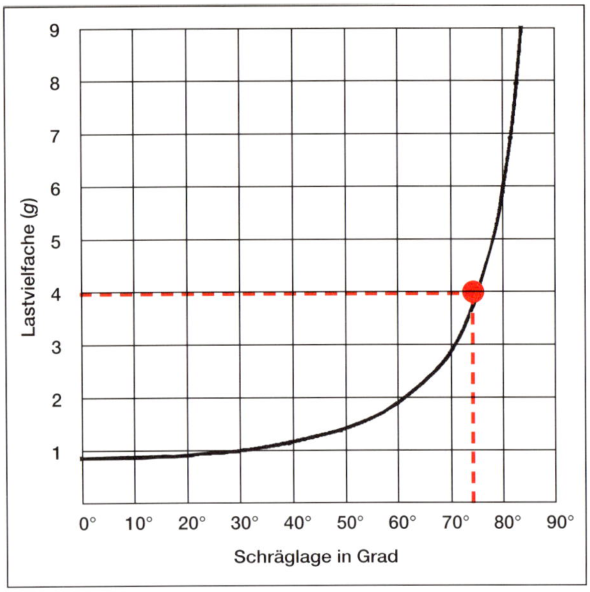

Bild 6.2 Die Lastvielfachen für Schräglagen von 0° bis 90°

Schräglage in °	Secans	*g*
10°	1,0154	1,02
20°	1,0642	1,06
30°	1,1547	1,15
40°	1,3054	1,31
50°	1,5557	1,56
60°	2,0000	2,00
70°	2,9240	2,92
80°	5,7560	5,76
90°	∞	∞

6.2 Luftfahrzeugkategorien und Lastvielfache

Jedes Flugzeug hat ein **höchstzulässiges oder sicheres Lastvielfaches** (sowohl positiv als auch negativ), das vom Hersteller festgelegt wird und **aus Sicherheitsgründen niemals überschritten werden darf (vgl. Flughandbuch, Abschnitt „Betriebsgrenzen")!** Obwohl vom Konstrukteur ein Sicherheitsfaktor berücksichtigt wird, der 50 % über den angegebenen Werten liegt, kann bei Nichtbeachtung der höchstzulässigen Lastvielfachen die **strukturelle Belastbarkeit des Flugzeugs überschritten werden.**

Man unterscheidet nach Bauvorschriften der US-Luftfahrtbundesbehörde FAA (Federal Aviation Agency) im Bereich der Leichtflugzeuge **drei Kategorien** von Flugzeugen mit folgenden sicheren (höchstzulässigen) Lastvielfachen:

Lastvielfache und Flugzeugkategorien (nach FAA/FAR)

Kategorie	Sichere Lastvielfache (Limit load factor)
Normalflugzeug (Normal)	+ 3,8 *g* − 1,52 *g* Kunstflug (einschließlich Trudeln) verboten
Nutzflugzeug (Utility)	+ 4,4 *g* − 1,76 *g* beschränkt kunstflugtauglich
Kunstflugzeug (Acrobatic)	+ 6,0 *g* − 3,00 *g* voll kunstflugtauglich

Bild 6.3 Lastvielfache und Flugzeugkategorien

Anmerkung zu nebenstehender Tabelle:

Bei ausgefahrenen Landeklappen verringern sich die genannten Lastvielfachen (vgl. Flughandbuch).

6.3 Auswirkung des Lastvielfachen auf die Überziehgeschwindigkeit V_S (= stalling speed) im Kurvenflug

Wir haben schon gesehen, dass in einer Kurve, beim Abfangen aus dem Sturzflug oder bei abrupter Betätigung des Höhenruders (gekrümmte Flugbahnen) zusätzlich zur Schwerkraft noch die Zentrifugalkraft auftritt und deshalb die Gesamtkraft (Resultierende aus Schwerkraft und Zentrifugalkraft) größer ist als die Schwerkraft (Gesamtmasse des Flugzeugs). Der Wert, um den die Gesamtkraft in einer Kurve über die Schwerkraft (1 *g*) hinauswächst, ist das Lastvielfache.

Unser **Flugzeug wird schwerer** und die strukturelle Belastung nimmt entsprechend zu, da der Auftrieb am Tragflügel um den Wert der Gewichtszunahme in der Kurve erhöht werden muss (siehe Bild 6.4). Je mehr wir in einer Kurve die Schräglage vergrößern, desto höher wird die Belastung oder das Lastvielfache. **Nimmt das Lastvielfache** (oder die Belastung) **zu, so muss auch die Überziehgeschwindigkeit (V_S) zunehmen**. Die **Kurvenüberziehgeschwindigkeit (V_{sk}) eines** Flugzeugs ist also **immer größer als die normale Überziehgeschwindigkeit (V_S)!**

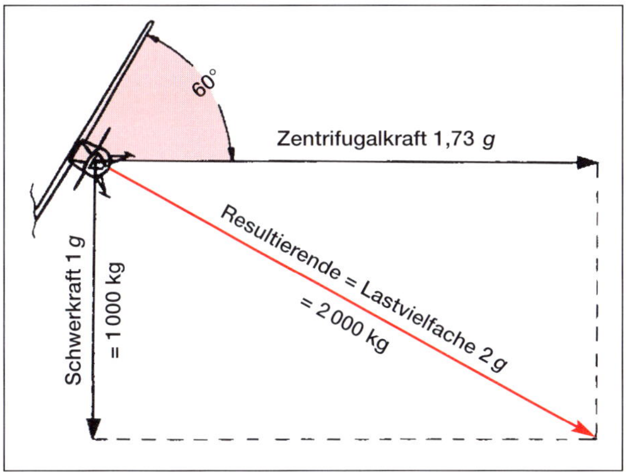

Bild 6.4 Das Lastvielfache im 60° Kurvenflug

Das **„Kurvengewicht"** eines Flugzeugs ist immer größer als die normale Gesamtmasse (Gewicht)! Die Resultierende aus Schwerkraft und Zentrifugalkraft ist das Lastvielfache (hier 2 *g*). Zur Berechnung der V_{sk} (Kurvenüberziehgeschwindigkeit) müssen wir uns einer kleinen Formel bedienen. Sie lautet:

$$V_{sk} = V_S \times \sqrt{\text{Lastvielfache}}$$

Beispiel:

- Nehmen wir einmal an, die Überziehgeschwindigkeit (V_S) eines Flugzeugs im Horizontalflug – ohne Klappen – bei einer Gesamtmasse von 1 000 kg beträgt **50 kt.**

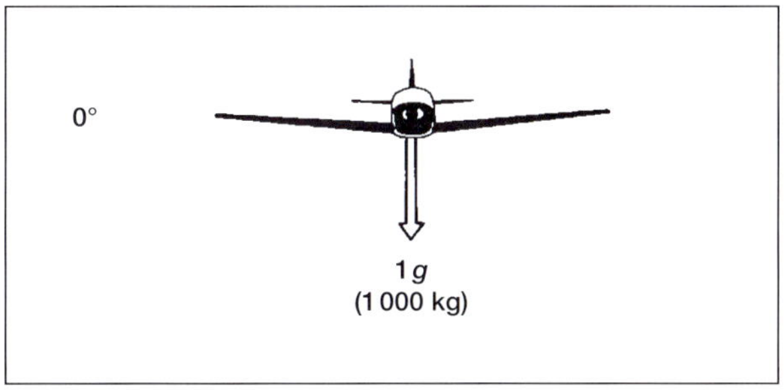

Bild 6.5 Das Lastvielfache im Horizontalflug

Lastvielfache	=	1 *g*
Gesamtmasse	=	1 000 kg
V_S	=	50 kt

- Wir fliegen nun eine **Kurve mit 60° Schräglage.** Dabei erhöht sich das Lastvielfache auf 2 *g* (Secans 60° = 2). Das Flugzeug wird jetzt mit dem Zweifachen der normalen Gesamtmasse (1 000 kg) belastet. Das Kurvengewicht beträgt also 2 000 kg! Die V_{sk} (Kurvenüberziehgeschwindigkeit) erhöht sich nach der Formel

$$V_{sk} = V_S \times \sqrt{\text{Lastvielfache}}$$

auf **70,5 kt**.

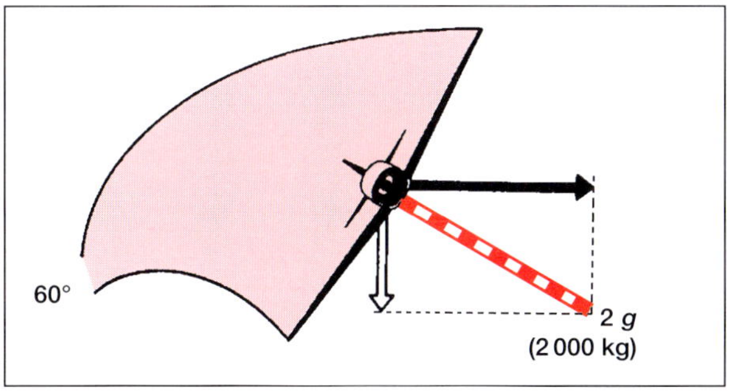

Bild 6.6 Kurvenüberziehgeschwindigkeit bei 60° Schräglage und Lastvielfache

Lastvielfache	=	2 *g*
Kurvenmasse	=	2 000 kg
V_{sk}	=	$V_S \times \sqrt{2}$
	=	50 x 1,41
	=	**70,5 kt**

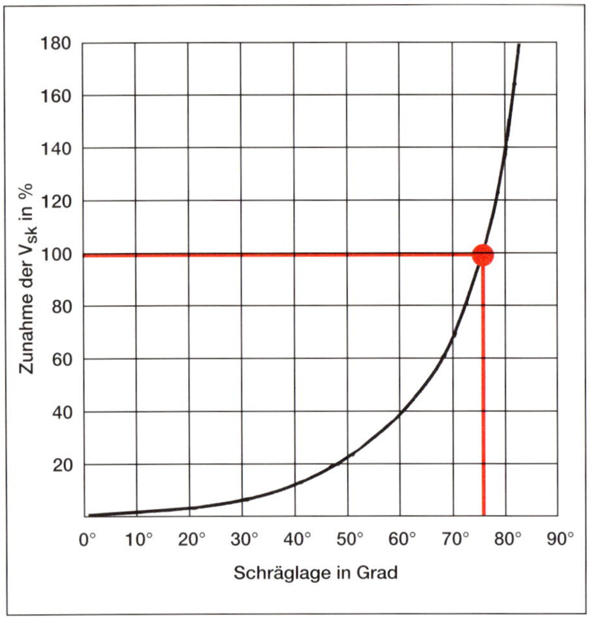

Bild 6.7 Zunahme der Überziehgeschwindigkeit (V_S) in Kurven. Die V_{sk} (Kurvenüberziehgeschwindigkeit) in einer Kurve mit 75° Schräglage liegt 100 % über der normalen V_S!

	Horizontalflug	Schräglage/Bankangle 30°	45°	60°	75°	
Überziehgeschwindigkeit in kt V_S (stalling speed in kt)	40	43	47,5	56,4	78,6	Kurvenüberziehgeschwindigkeit in kt V_{sk} (Turn-stalling-speed in kt)
	50	53,7	59,4	70,5	98,3	
	60	64,5	71,2	84,6	117,9	
	70	75,2	83,1	98,7	137,6	
	80	86,0	95,0	112,8	157,3	
	90	96,7	106,9	126,9	176,9	
	100	107,5	118,8	141,0	196,6	
	110	118,2	131,0	155,1	216,2	
	120	129,0	142,6	169,2	235,9	

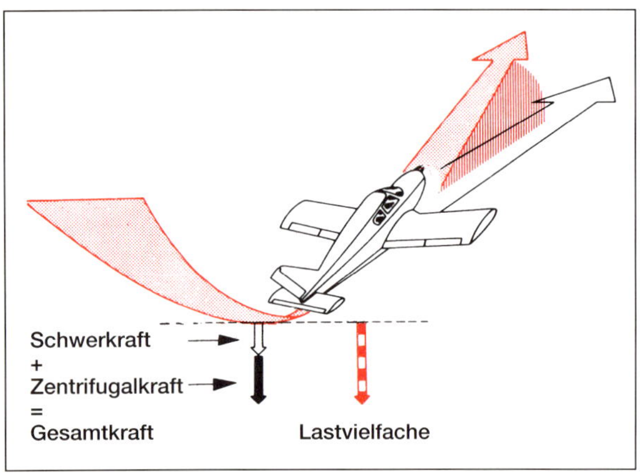

Bild 6.8 Das Lastvielfache im Sturzflug

Beim Abfangen aus dem Sturzflug können hohe Lastvielfache auftreten. Die Strömung reißt unter Umständen bei hoher Geschwindigkeit ab!

Bei **abrupten Änderungen der Flugbahn** (z. B. Abfangen aus dem Sturzflug oder plötzliche, starke Betätigung des Höhenruders) nimmt die Belastung ebenfalls zu. Die Lastvielfachen können dabei unter Umständen sehr groß werden! Die Überziehgeschwindigkeit erhöht sich wie im Kurvenflug bei größer werdenden Lastvielfachen.

$$V_S \times \sqrt{\text{Lastvielfache}}$$

6.4 Starke Turbulenz und Lastvielfache

Starke Vertikalböen können während des Fluges ebenfalls **hohe Lastvielfache** verursachen. Solche Böen vergrößern plötzlich den Anstellwinkel des Flugzeugs und aufgrund der Trägheit des Flugzeugs (es will seine Lage beibehalten) tritt dann eine hohe Belastung an den Tragflügeln auf. Treffen Sie im Reiseflug (Schnellflug) starke Turbulenzen an, so müssen Sie **sofort auf die im Flughandbuch vorgeschriebene Manövergeschwindigkeit (V_a) reduzieren!**

Nur dann ist gewährleistet, dass die Belastung nicht über das höchstzulässige Maß hinauswächst.

- Die **Manövergeschwindigkeit V_a (engl.: maneuvering speed)** ist die maximale Geschwindigkeit, bei der abrupte Manöver mit vollem Ruderausschlag geflogen werden dürfen!
- **Des Weiteren ist es die maximale Geschwindigkeit für Flüge in starker Turbulenz!**
- **Die Manövergeschwindigkeit Ihres Flugzeugs** finden Sie im Flughandbuch im Abschnitt „Betriebsgrenzen"!

E Der Propeller (die Luftschraube)

7.1 Propellerwirkung (Vortriebskraft)

Die zum Motorfliegen nötige **Vortriebskraft (Schub)** wird von so genannten Propellern oder Luftschrauben erzeugt, die ähnliche Profile aufweisen, wie wir sie am Tragflügel schon kennen gelernt haben. Ein einzelnes Propellerblatt ist im Grunde genommen nichts anderes als ein **Tragflügel, der in einer vertikalen Ebene** (rechtwinklig zur Flugzeuglängsachse) **rotiert.** Bei jeder Drehbewegung trifft das Propellerblatt die Luft mit einem bestimmten **Anstellwinkel** und erzeugt so – wie ein Tragflügel – **Auftrieb und Widerstand.**

Der normale Tragflügel bewegt sich während des Fluges geradlinig durch die Luft, während unser Propeller – oder besser gesagt, jedes Teilstück des Propellers – eine Drehbewegung durch die Luft vollzieht. Durch die Vorwärtsbewegung des Flugzeugs ergibt sich eine **spiralförmige Bewegung,** die jedes einzelne Propellerstück bezogen auf die anströmende Luft macht. Die Wirkungsweise eines Propellers lässt sich sehr gut in einem Vergleich mit einer gewöhnlichen Schraube erklären. Bei der Schraube bezeichnet man den Weg, den die Schraube bei einer Umdrehung zurücklegt, als **Steigung.** Unsere Luftschraube verhält sich da etwas anders. Die starre Luftschraube bewegt sich mit ihrer Steigung durch die verformbare Luft. Das führt aufgrund der Tatsache, dass Luft kein fester Körper ist, zu einem so genannten **Schlupf** (engl.: **slip)**, der nichts weiter ist als der **Unterschied zwischen Propellersteigung und tatsächlicher Vorwärtsbewegung bei einer Propellerumdrehung.**

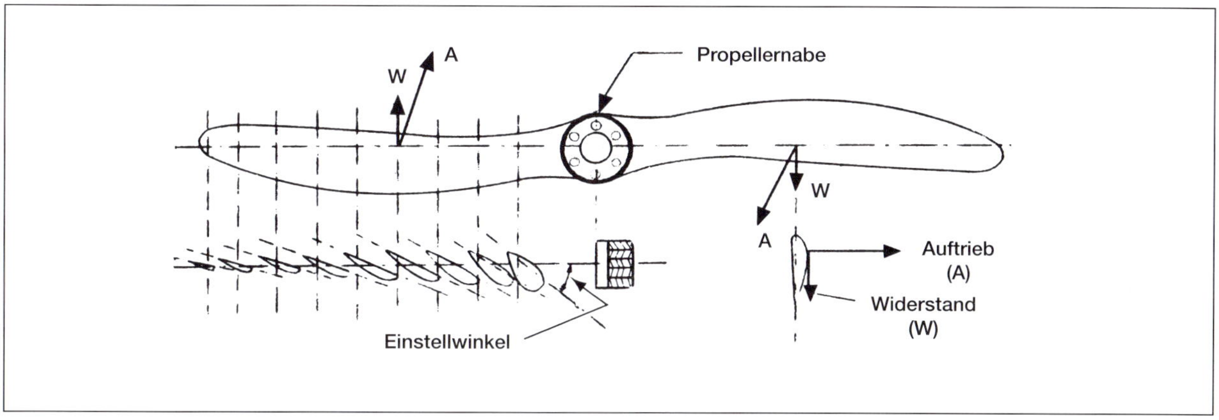

Bild 7.1 Der Propeller (die Luftschraube)

Ein Propellerblatt (Bild 7.1) hat – wie ein Tragflügel – einen so genannten **Einstellwinkel,** der sich hier aber von der Nabe ausgehend zur Spitze des Propellers hin verkleinert. Den Einstellwinkel des Propellerblatts bezeichnet man auch als **„Blattsteigungswinkel".** Das Propellerblatt hat also seine **größte Steigung (Einstellwinkel) an der Nabe** und die **kleinste Steigung an der Spitze**. Das hat seinen guten Grund, denn hätte er über die gesamte Länge den gleichen Einstellwinkel (die gleiche Steigung), so würde aufgrund der **verschiedenen Umfangsgeschwindigkeiten** der einzelnen Propellerstücke das

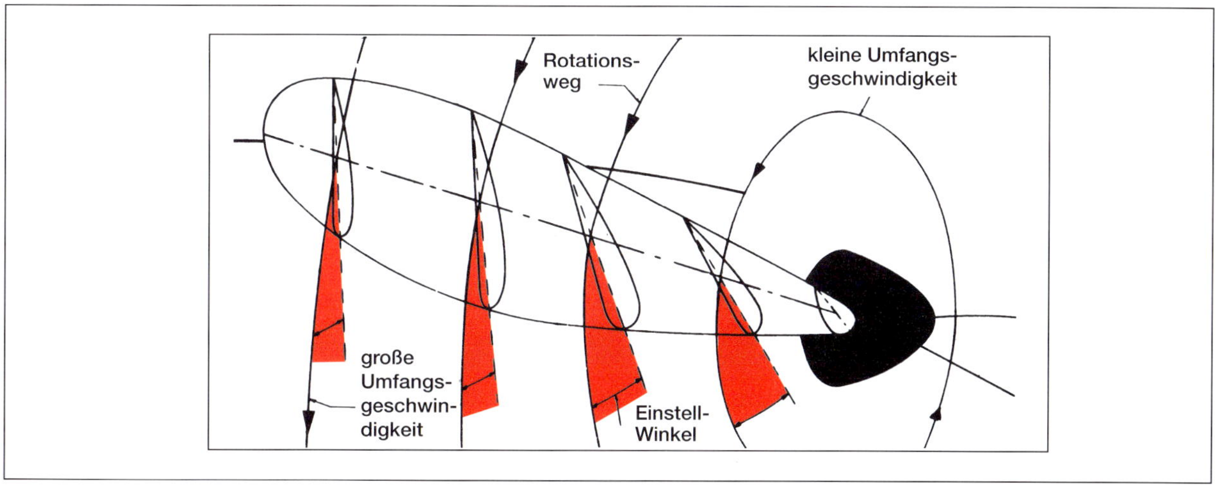

Bild 7.2 Der Einstellwinkel des Blattes verkleinert sich von der Nabe zur Spitze hin.

erste Stück nahe der Nabe **(geringe Umfangsgeschwindigkeit)** praktisch keinen Auftrieb (Schub) erzeugen und an den Spitzen des Propellers würde wegen der sehr **hohen Umfangsgeschwindigkeit** und des relativ großen Einstellwinkels die Strömung abreißen (ebenfalls kein Auftrieb oder Schub).

Die Luftschraube hat die Aufgabe, das Drehmoment des Triebwerks in Schubkraft umzuwandeln. Damit die Luftschraube sich mit geringst möglichem Widerstand durch die Luft bewegt, hat sie ein dem Tragflügel ähnliches Profil, dessen Einstellwinkel sich von der Blattspitze zur Propellernabe hin vergrößert. **Durch diese Schränkung** – das Propellerblatt ist in sich verdreht – **wird trotz ungleicher Umfangsgeschwindigkeit** hohe Geschwindigkeit an den Blattspitzen und niedrige Geschwindigkeit in Flanschnähe (siehe Bild 7.2) **über den gesamten Propellerbereich ein gleichmäßiger Schub (Vortriebskraft) erzeugt.**

Die Luftschraubenblätter drücken auf die ruhende Luft und beschleunigen sie nach hinten. So entsteht je nach Steigungsgrad und Drehzahl der Luftschraube ein mehr oder minder starker Schub. **Auch bei der Luftschraube müssen wir zwischen Einstellwinkel und Anstellwinkel unterscheiden:**

1. **Der Einstellwinkel (Steigungswinkel)** ist der Winkel zwischen der Luftschraubenprofilsehne und der senkrecht zur Luftschraubenachse verlaufenden Rotationsebene der Luftschraube.
2. **Der Anstellwinkel der Luftschraube** ist der Winkel zwischen der Bewegungsrichtung der Luftschraube durch die ruhende Luft und der Luftschraubenprofilsehne.

Das hört sich sehr kompliziert an, jedoch werden uns die folgenden drei Abbildungen die Sache wesentlich erleichtern. Der Anstellwinkel der Luftschraube ändert sich nämlich mit der Fluggeschwindigkeit. Bei **zunehmender Fluggeschwindigkeit** wird er immer **kleiner,** während er **im Standlauf dem Einstellwinkel (Steigungswinkel) entspricht.**

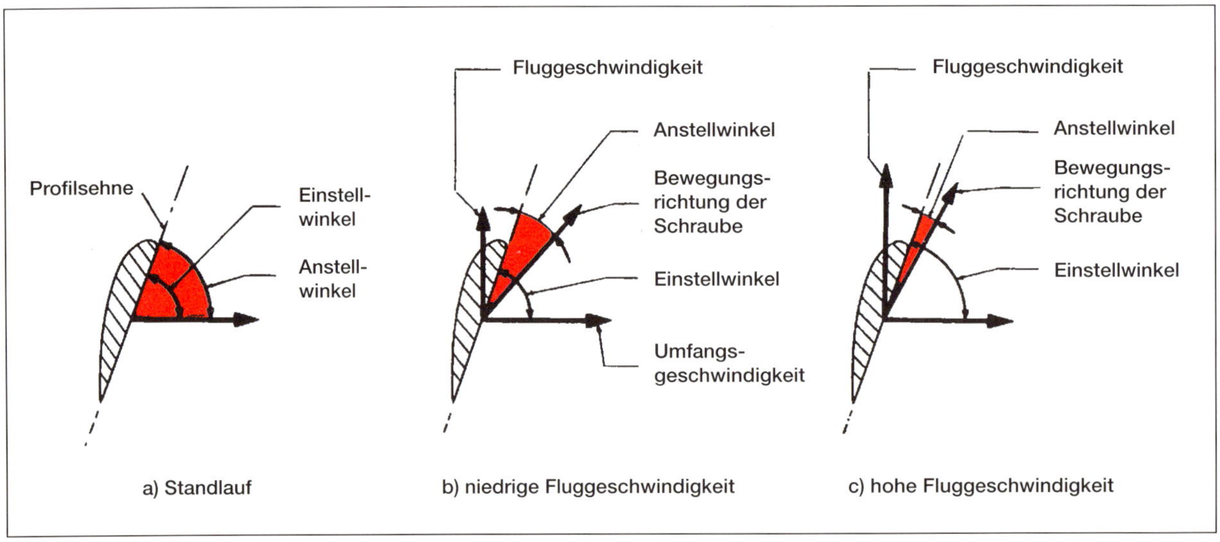

Bild 7.3 Änderung des Anstellwinkels der Luftschraube mit zunehmender Geschwindigkeit

Starre, nicht verstellbare Luftschrauben können also nur bei einer bestimmten Fluggeschwindigkeit ihren maximalen Schub erzeugen, während **Verstellpropeller** bei jeder Geschwindigkeit den günstigsten Vortrieb ermöglichen.

7.2 Starre, nicht verstellbare Luftschrauben

Starre, nicht verstellbare Luftschrauben finden wir an vielen kleineren Sport- und Reiseflugzeugen vor. Die Steigung der Blätter kann während des Fluges nicht verändert werden, jedoch kann man je nach Verwendungszweck (Reiseflug/ Schleppflug von Segelflugzeugen usw.) **entweder eine Luftschraube mit kleiner Steigung (Steigflugpropeller)** oder **mit großer Steigung (Reiseflugpropeller)** installieren lassen.

Der Steigflugpropeller mit kleiner Steigung ermöglicht aufgrund des geringeren Widerstands höhere Motordrehzahlen (RPM = revolutions per minute) und somit größere Motorleistung (PS), die ja für Start- und Steigflug wünschenswert ist. Er ist aber für Reiseflüge nicht gut geeignet und verringert die Reisegeschwindigkeit des Flugzeugs beträchtlich.

Der Reiseflugpropeller hat eine **größere Steigung** als der Steigflugpropeller. Während des Starts und im Steigflug bei niedrigen Geschwindigkeiten kann deshalb nicht die maximale Leistung erreicht werden. Im Reiseflug bei höheren Geschwindigkeiten erreicht dieser Propeller erst seine beste Vortriebs- oder Schubleistung. Bei jeder Umdrehung der Luftschraube wird eine große Menge Luft nach hinten in Bewegung gesetzt. So wird mit relativ geringer Motorleistung (günstiger Kraftstoffverbrauch) eine höhere Reisegeschwindigkeit erreicht.

7.3 Verstellpropeller mit konstanter Drehzahl (Constant-Speed-Propeller)

Auch diese Art von Verstellluftschrauben finden wir an vielen Sport- und Reiseflugzeugen. **Sie ermöglichen es uns, für jede Phase des Fluges die richtige Propellersteigung mit der dazugehörigen Motorleistung selbst zu wählen.** Bei niedrigen Geschwindigkeiten (Start, Steigflug) wählt der Flugzeugführer eine **kleine Steigung** (low pitch) **mit hoher Drehzahl** (RPM). Der Anstellwinkel der Propellerblätter ist klein (low pitch) und der Motor kann hohe Drehzahlen (high RPM) mit großer Leistung (PS) entwickeln.

Bei höheren Geschwindigkeiten (Reiseflug) wird die **Steigung des Propellers vergrößert** (high pitch), **um einen positiven Anstellwinkel der Propellerblätter zu gewährleisten und um die Drehzahl** (RPM) **des Motors zu verringern.** Auf diese Art wird ein Überdrehen des Motors verhindert und die Schubleistung im Reiseflug verbessert.

Der effektive Gebrauch von Verstellluftschrauben mit konstanter Drehzahl (Constant-Speed-Verstellpropeller) erfordert vom Flugzeugführer genaue Kenntnisse über die Leistungswerte des Triebwerks (power settings) und die dazugehörigen Flugleistungen des Flugzeugs. **Sie müssen für jeden Flugzeugtyp aus dem Flughandbuch entnommen werden!** Nur die Einhaltung der vorgeschriebenen Werte garantiert eine volle Ausnutzung der Vorteile dieser Luftschraube und eine lange Lebensdauer des Motors.

Zum Schluss noch einige wichtige **Hinweise für die Handhabung von Flugzeugen mit Constant-Speed-Verstellluftschrauben:**

1. **Zu jeder mit der Propellerverstelleinrichtung eingestellten Drehzahl (RPM) gehört ein festgelegter Ladedruckwert (Manifold Pressure = MP),** der die Motorleistung bestimmt. Dieser Ladedruckwert sollte niemals überschritten werden, da der Motor sonst überbelastet wird!
2. Die **Brake Mean Effective Pressure (BMEP)** spielt hierbei eine wichtige Rolle. Es ist der mittlere Druck, der während des Verbrennungsvorgangs (Arbeitshub) im Zylinder entsteht (kg/cm^2)!
3. **Bei niedrigeren Drehzahlen und hohem Leistungsdruck (große Motorleistung) ist dieser BMEP-Wert sehr hoch und die höchstzulässige Grenze kann dabei überschritten werden!** Bei längerem Betrieb mit solchen extremen Leistungswerten (hoher Ladedruck/niedrige Drehzahlen) erleidet der Motor Schaden, und Motorausfall während des Fluges kann die Folge sein.
4. Um solche **Überlastungen des Motors auszuschalten**, sollte man **die Propellerverstellung und den Ladedruckhebel (Gashebel) immer folgendermaßen bedienen:**
   - Bei **Leistungsminderung** (z. B. Übergang vom Steigflug in den Horizontalflug/Reiseflug) **zuerst den Ladedruck (manifold pressure)** auf den vorgeschriebenen Wert mit dem Gashebel **verringern und dann die Drehzahl (RPM) auf den gewünschten Wert** mit der Prop-Verstelleinrichtung **reduzieren!**
   - Bei **Leistungserhöhung** (z. B. Übergang vom Horizontal- in den Steigflug) **zuerst die Drehzahl (RPM) und dann den Ladedruck (manifold pressure)** auf die vorgeschriebenen Werte **erhöhen!**

7.4 Der Torque-Effekt (Propeller-Drehmoment)

Die meisten unserer Flugzeugmotoren sind so genannte **„Rechtsläufer“,** d. h. die Luftschraube dreht sich (in Flugrichtung gesehen) im Uhrzeigersinn nach rechts. Obwohl man beim Begriff **„Torque-Effekt“** im Allgemeinen davon ausgeht, dass es sich nur um eine Kraft handelt, besteht sie in Wirklichkeit aus mehreren Faktoren, die bei einmotorigen Flugzeugen dazu führen, dass das Flugzeug **entgegengesetzt zur Drehrichtung der Luftschraube leichte Rolltendenzen um die Längsachse zeigt** – ausgenommen im Reiseflug, Gleitflug oder Sinkflug mit geringer Motorleistung (niedrige Drehzahlen).

Um dieser **Rolltendenz nach links** entgegenzuwirken, haben viele Flugzeuge einen etwas **größeren Einstellwinkel** an der **linken Tragfläche.** Dadurch wird hier etwas mehr Auftrieb erzeugt, der das Rollen nach links ausgleichen soll. Mehr Auftrieb an der linken Tragfläche bedeutet aber auch mehr Widerstand, und deshalb giert das Flugzeug leicht nach links um die Hochachse! Um diese Giertendenz nach links im Reiseflug bei hohen Geschwindigkeiten auszuschalten, **versetzt** der Flugzeugkonstrukteur die **Seitenflosse** geringfügig **nach links.** Diese Versetzung der Seitenflosse nach links wird jedoch bei geringen Geschwindigkeiten (Start, Steigflug) kaum wirksam, sodass ein Gegensteuern mit dem Seitenruder nach rechts erforderlich ist.

Der **Luftstrom des Propellers** ist ein weiterer Faktor. Er fließt im Uhrzeigersinn (also rechts herum) vom Propeller aus um das Flugzeug nach hinten, umströmt dabei den Rumpf und trifft auf die linke Seite der Seitenflosse auf. So entsteht eine zusätzliche leichte Drehung des Flugzeugs um die Hochachse nach links. **Die Giertendenz nach links wird also durch den Luftstrom des Propellers verstärkt.**

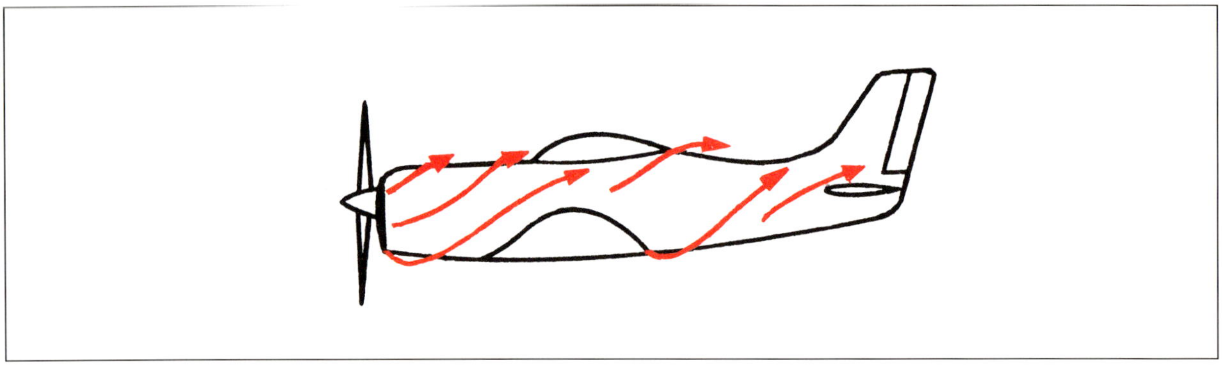

Bild 7.4 Der Luftstrom des Propellers begünstigt den Giereffekt nach links.

Während des Steigfluges mit geringer Fluggeschwindigkeit tritt eine **unsymmetrische Propellerbelastung** auf, die ebenfalls einen Giereffekt nach links hervorruft. Der Anstellwinkel des linken aufsteigenden Propellerblattes ist dabei kleiner als der des rechten, heruntergehenden Blattes. Deshalb erzeugt das rechte Propellerblatt mehr Schub als das linke aufsteigende Blatt mit dem kleineren Anstellwinkel. Die dadurch entstehende unsymmetrische Schubverteilung – **links weniger Schub als rechts** – lässt das Flugzeug ebenfalls **nach links** gieren.

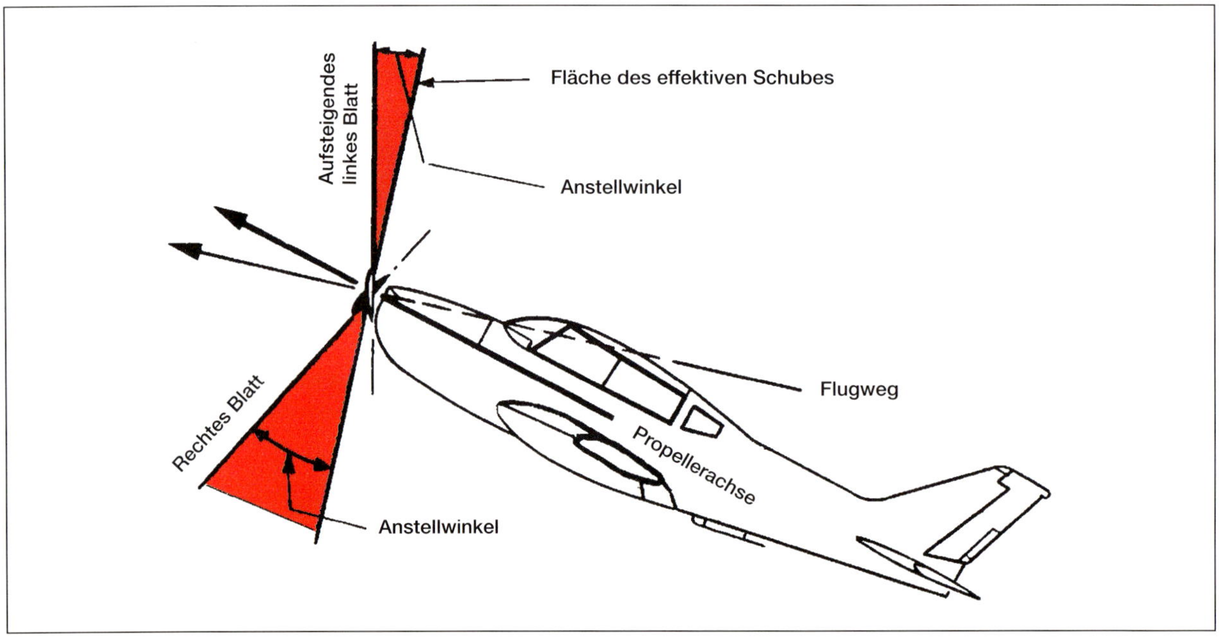

Bild 7.5 Unsymmetrische Schubverteilung im Steigflug bei niedriger Fluggeschwindigkeit durch unterschiedliche Propellerblatt-Anstellwinkel verursacht ein Giermoment nach links.

Deshalb muss während des Steigfluges mit geringer Fluggeschwindigkeit (großer Anstellwinkel der Tragflächen) etwas **rechtes** Seitenruder **zum Ausgleichen** des Giereffekts (nach links) gegeben werden.

F Triebwerkkunde

8 Flugzeugtriebwerkkunde für Kolbentriebwerke

In diesem Kapitel sollen Sie mit einigen Grundprinzipien der **Flugzeugtriebwerkkunde für Kolbentriebwerke** vertraut gemacht werden. Es soll den Zweck erfüllen, Ihnen ein paar wesentliche Ratschläge für die richtige Bedienung des Flugzeugmotors zu vermitteln, damit Sie nie Gefahr laufen, durch unsachgemäße Handhabung einen Triebwerkschaden (Ausfall des Triebwerks) während des Fluges zu riskieren.

8.1 Arten von Flugmotoren

Wir wollen hier nicht alle Arten von Flugmotoren ausführlich behandeln, sondern nur eine Einteilung nach **Arbeitsweise, Arbeitsverfahren, Kühlung** und **Zylinderanordnung** vornehmen.

Fast alle Flugzeugmotoren arbeiten heute nach dem **Otto-Viertakt-Verfahren**, das auch bei der Mehrzahl unserer Pkw-Motoren Anwendung findet. Diesel-Motoren sind bei vielen namhaften Herstellern in der Entwicklung, im Zulassungsverfahren oder bereits zugelassen.

1. **Einteilung nach der Arbeitsweise:**
   - **a) Otto-Motoren** (üblich)
   - b) Diesel-Motoren
2. **Einteilung nach Arbeitsverfahren:**
   - **a) Viertakt-Verfahren** (üblich)
   - b) Zweitakt-Verfahren
3. **Einteilung nach Kühlung:**
   - **a) Luftgekühlte Motoren** (üblich)
   - b) Flüssigkeitsgekühlte Motoren
4. **Einteilung nach Zylinderanordnung:**
   - **a) Boxer-Motoren** (üblich)
   - b) Reihen-Motoren (V-Motoren)
   - c) Stern- oder Doppelstern-Motoren

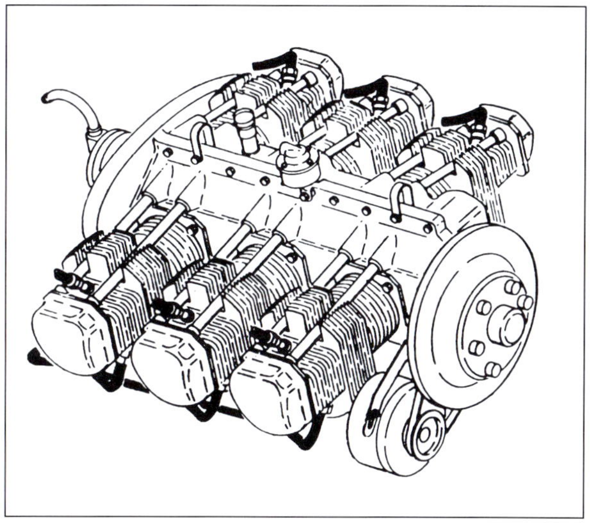

Bild 8.1 Boxer-Motor

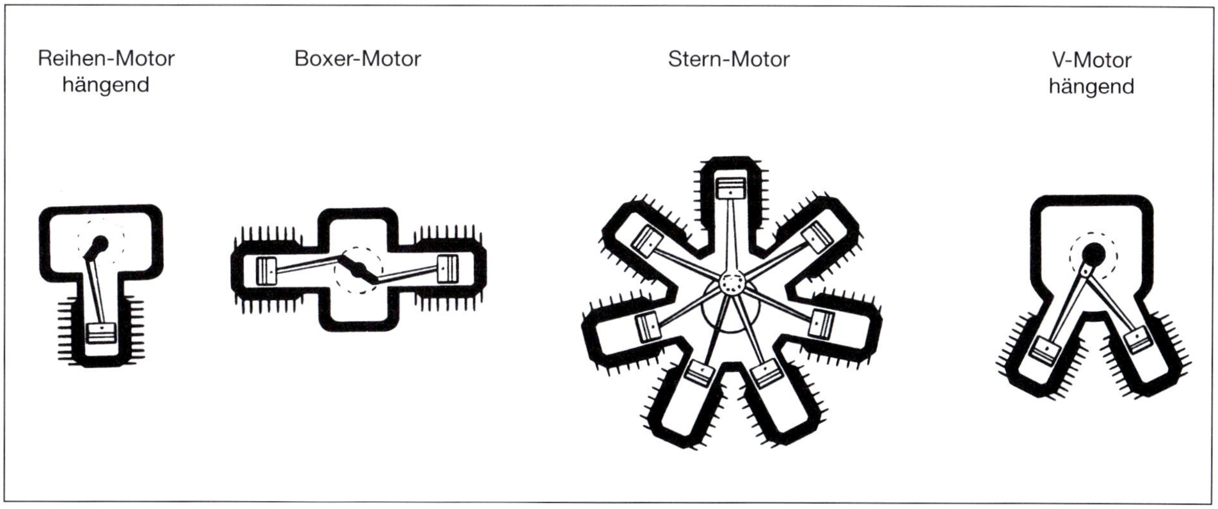

Bild 8.2 Zylinderanordnung von Flugmotoren

8.2 Arbeitsweise des Otto-Viertakt-Motors

Wie schon erwähnt arbeiten heute **fast alle gebräuchlichen Flugzeugkolbentriebwerke nach dem Otto-Viertakt-Verfahren,** das wir auch bei vielen Automotoren vorfinden.

Bild 8.3 soll uns das so genannte Viertakt-Verfahren verdeutlichen. Es zeigt uns einen Zylinder, einen Kolben, ein Pleuel und die Kurbelwelle. Ein Ende des Pleuels ist mit dem Kolben und das andere Ende mit der Kurbelwelle verbunden, die die Bewegung des Kolbens in eine Drehbewegung umwandelt. Die sich drehende Kurbelwelle treibt den Propeller (die Luftschraube) an. Am oberen Ende des Zylinders sind zwei Zündkerzen angebracht, die das Benzin-Luft-Gemisch im richtigen Moment (kurz vor dem oberen Totpunkt der Kolbenbewegung) zünden. Darüber befinden sich zwei durch Ventile kontrollierte Öffnungen, welche die Aufgabe haben

a) das Benzin-Luft-Gemisch in den Zylinder einzulassen **(Einlass-Ventil)** und

b) nach der Zündung die verbrannten Gase wieder auszulassen **(Auslass-Ventil).**

Der Betrieb des Motors erfordert **vier Kolbenbewegungen (Takte),** die im Bild 8.3 dargestellt sind:

1. Takt = Ansaugen des Benzin-Luftgemisches durch das geöffnete Einlass-Ventil (Auslass-Ventil geschlossen) in den Zylinder hinein. Der Kolben bewegt sich nach unten (Bild 8.3.a).

2. Takt = Verdichtung (Komprimieren) des vorher angesaugten Benzin-Luft-Gemisches bei geschlossenen Ventilen. Das Gemisch wird durch den sich aufwärts bewegenden Kolben auf ungefähr 1/8 des Volumens komprimiert **(Verdichtungsverhältnis 8:1)**. Siehe Bild 8.3.b.

3. Takt = Zündung des komprimierten Benzin-Luft-Gemisches kurz bevor der Kolben den oberen Totpunkt erreicht. Die Ventile (Ein- und Auslassventil) sind dabei geschlossen. Die beiden Zündkerzen zünden das Gemisch durch einen Zündfunken. Es entsteht ein sehr hoher Verbrennungsdruck (Ausdehnung), der den Kolben nach unten treibt. Dabei können im Zylinder kurzzeitig Temperaturen bis zu 2 000 °C auftreten (Bild 8.3.c).

4. Takt = Ausstoßen der verbrannten Gase durch das sich kurz vor dem unteren Totpunkt des Kolbens öffnende Auslass-Ventil. Der Kolben bewegt sich nach oben und schiebt die restlichen Gase aus dem Zylinder hinaus (Bild 8.3.d). Das Ausströmen der verbrannten Gase erfolgt mit sehr hoher Geschwindigkeit (bis zu 800 m/sec).

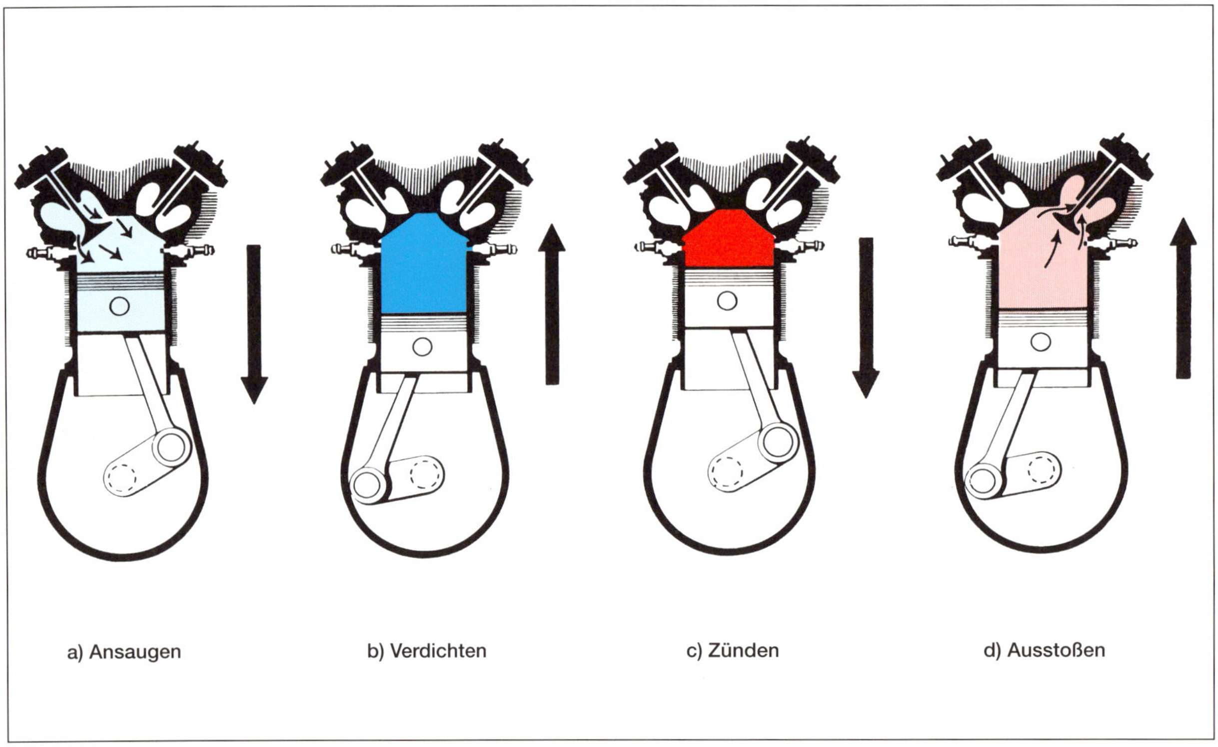

Bild 8.3 Die vier Kolbenhübe des Motors beim Viertakt-Verfahren. Beim 3. Takt handelt es sich um den eigentlichen Arbeitstakt, der die nötige Kraft bis zum nächsten Arbeitstakt erzeugt.

8.3 Kühlung des Triebwerks

Fast alle gebräuchlichen Flugmotoren werden heute **mit Luft gekühlt**.

Das Verbrennen des Benzin-Luft-Gemischs im Zylinder erzeugt große Hitze (kurzfristig bis zu 2 000 °C), von der ein großer Teil durch den Austritt der verbrannten Gase durch das Auspuffsystem abgeleitet wird. Ein nicht unwesentlicher Teil der Hitze verbleibt jedoch im Motor und muss auf ein erträgliches Maß herabgesetzt werden, um den Motor vor Überhitzung zu schützen.

Deshalb haben die **Zylinder und Zylinderköpfe** unserer **luftgekühlten Triebwerke** so genannte **Kühlrippen. Luftleitbleche** sorgen für eine gute Kühlluftströmung im Motorraum. Wird ein Flugmotor am Boden (z. B. Rollen oder Warten am Rollhalteort) betrieben, so fließt nur sehr wenig Luft an den Kühlrippen der Zylinder vorbei und Überhitzung des Motors kann die Folge sein (nur bei längerem Betrieb am Boden zu befürchten). Auch **bei längeren Steigflügen mit niedriger Fluggeschwindigkeit** muss mit einer **Überhitzung** des Triebwerks gerechnet werden, weil es mit hoher Leistung bei einer relativ geringen Fluggeschwindigkeit (= geringe Luftkühlung) arbeitet.

Ein Flugmotor darf niemals mit zu hoher Temperatur betrieben werden, denn **Leistungsverlust, überhöhter Ölverbrauch** und **Klopfen** des Motors können durch Überhitzung auftreten. Unter dem Begriff **Klopfen** versteht man eine **unkontrollierte, plötzliche Verbrennung (Explosion) des Gemischs** kurz nach der Zündung, bei der die Verbrennungsgeschwindigkeit bis zum Zehnfachen des Normalwerts anwachsen kann. **Allein diese Erscheinung kann zu schweren Triebwerkschäden führen.** Des Weiteren muss bei einer **Überhitzung** des Triebwerks mit **Beschädigung der Zylinderwände,** der **Kolben** und **Kolbenringe** und mit **verbrannten Ventilen** gerechnet werden.

Ist ein Flugzeug mit einer so genannten **Zylinderkopftemperaturanzeige** ausgerüstet, so kann man leicht die vorgeschriebenen Betriebstemperaturen überwachen und einhalten. Viele Sport- und Reiseflugzeuge sind jedoch nicht mit einer solchen Anzeige ausgerüstet. Der Flugzeugführer muss sich dann auf die **Öltemperaturanzeige** konzentrieren, um die Betriebstemperatur des Motors zu überwachen (vgl. auch „Triebwerks-Überwachungsinstrumente und -systeme“, Abschnitt G).

Das Motorenöl im Triebwerk hat zwei Aufgaben zu erfüllen:

1. **Schmierung** aller beweglichen Teile des Motors und
2. **Verringerung der Motortemperatur** durch Absorption (Aufnahme) eines Teils der durch die Verbrennung entstehenden Hitze.

Während des Fluges sollte der Flugzeugführer **regelmäßige Überprüfungen (checks) der Öltemperatur und der Öldruckanzeige** durchführen, weil Abweichungen über oder unter die normalen Betriebswerte Motorstörungen ankündigen können, die eine sofortige Regulierung oder sogar eine Notlandung erfordern, um schwere Schäden am Triebwerk zu vermeiden!

8.4 Der richtige Kraftstoff (Flugbenzin)

Unsere Kolbentriebwerke werden ausschließlich mit besonderen Flugkraftstoffen (Benzin) betrieben, die sich in der chemischen Zusammensetzung von Kraftfahrzeug-Benzinen wesentlich unterscheiden. Flugbenzine enthalten zum Beispiel keine harzartigen Verbindungen, verflüchtigen sich nicht so schnell, weisen eine **höhere Siedetemperatur** (bis zu 170 °C) und **niedrigeren Dampfdruck** auf als Kfz-Benzine. Sie bestehen aus etwa 84 % Kohlenstoff (C), 15 % Wasserstoff (H), 0,05 % Schwefel (S) und **Zusätzen wie Bleitetraäthyl, das als Antiklopfmittel eingesetzt wird,** und **Farbstoff für die Kennzeichnung der Kraftstoffsorte.**

Das **Bleitetraäthyl** wird dem Flugkraftstoff zur Verhinderung des Klopfens beigemischt. Es dient als **Wärmespeicher** und soll verhindern, dass die Gastemperatur bei der Zündung vor der Flamme die Selbstentzündungstemperatur des Kraftstoffes erreicht. Das für den Motor sehr gefährliche Klopfen wird so wirkungsvoll bekämpft.

Um genaue Auskunft über die **Klopffestigkeit** einer Kraftstoffsorte zu erhalten, hat man jeder Sorte eine **Oktanzahl** zugeordnet (z. B. OZ 100), die in einem Prüfmotor mit variabler Kompression ermittelt wird. Dabei verwendet man einen so genannten Vergleichskraftstoff, der aus dem sehr klopffesten Oktan und dem das Klopfen fördernden Heptan besteht, welches im Petroleum vorkommt. Das Mischungs-Verhältnis, das sich auf die Oktanzahl 100 (= 100 % Oktan) bezieht, gibt uns Auskunft über die Klopffestigkeit des Kraftstoffs. So hat z. B. ein Kraftstoff mit der Oktanzahl 90 die gleiche Klopffestigkeit wie der im Prüfmotor verwendete Vergleichskraftstoff, der aus 90 % Oktan und 10 % Heptan besteht.

Für Triebwerke mit höherer Leistung reichen Kraftstoffe mit der maximal möglichen Oktanzahl 100 (OZ 100) nicht mehr aus. Sie werden deshalb, wie schon vorher erwähnt, mit pulverisiertem Blei angereichert und mit so genannten **Leistungszahlen (engl.: fuel grade)** versehen. Die **Leistungszahl besteht aus zwei Werten (z. B. 100/130),** wobei die erste Zahl **die Leistungszahl des Benzins im Reiseflug mit armem Gemisch (lean mixture)** und die zweite Zahl **die Leistungszahl bei Start- und Steigflug mit Höchstleistung und reichem Gemisch (rich mixture)** angibt.

Zur Übersicht wollen wir die bis Ende 1972 üblichen Flugkraftstoffe aufführen:

Oktan- oder Leistungszahl:	**Farbe:**
80/87	rot
100/130	grün
115/145	violett

Seit Anfang 1973 wird von den Mineralölgesellschaften an Stelle der bisherigen Flugkraftstoffsorten AVGAS 80 (80/87) und AVGAS 100 (100/130) nur noch ein **Einheitskraftstoff** mit der Bezeichnung **AVGAS 100 LL (Farbe: blau; LL = Low Lead)** ausgeliefert. Dieser Kraftstoff besitzt die **hohe Klopffestigkeit der bisherigen Sorte 100/130**, sein **Bleigehalt** ist jedoch **wesentlich geringer.** Der Einheitskraftstoff kann für alle Flugmotoren, für die eine der genannten Kraftstoffsorten vorgeschrieben ist, verwendet werden. In Schweden bietet die Firma Hjelmco Oil AB in über 60 Tankstellen **bleifreies AVGAS, Hjelmco 91/96 UL** (unleaded – bleifrei) an, das für alle Conti- und Lycoming-Motoren bis 180 PS und 230 – 265 PS zugelassen ist **(Farbe: farblos).**

Im Allgemeinen ist keine Beeinträchtigung des Betriebsverhaltens bei AVGAS 100 LL festgestellt worden, bei einzelnen Motorenmustern sind jedoch Auswirkungen wie z. B. schnellere Abnutzung der Zündkerzen oder vorzeitiger Verschleiß der Ventile möglich. Die Motorenhersteller haben die für die einzelnen Motorenmuster bei der Verwendung des Einheitskraftstoffes erforderlichen Maßnahmen in technischen Mitteilungen veröffentlicht. Im Interesse der Sicherheit wird die Befolgung dieser Maßnahmen zur Erhaltung der Zuverlässigkeit und Lebensdauer der Motoren dringend empfohlen.

Falls für einzelne, insbesondere ältere Motorenmuster derartige Angaben nicht vorliegen, sind diese Motoren im Rahmen der Wartungskontrollen der Flugzeuge besonders sorgfältig auf Anzeichen von Schäden oder vorzeitigem Verschleiß zu prüfen. Dichtigkeit der Zylinder, Zustand der Zündkerzen sowie Kontrolle von Öl und Ölfilter auf Verschlammung sind die Kontrollen, die in jedem Fall durchgeführt werden sollten (vgl. hierzu Abschnitt 9.9 „Probleme mit AVGAS 100 LL"!).

Automobil-Kraftstoffe (auch Super-Benzin) dürfen aufgrund der schon besprochenen anderen chemischen Zusammensetzung **nicht in Flugzeug-Kolbentriebwerken,** außer die dafür **zugelassenen, verwendet werden.** Sie haben – verglichen mit Flugzeugbenzin – **höheren Dampfdruck,** was zur **Dampfblasenbildung** in den Benzinleitungen führen kann (vapour lock). Dadurch kann die Benzinzufuhr zum Vergaser oder Einspritzer unterbrochen werden!

8.5 Das richtige Motorenöl

Besonders Flugzeug-Kolbentriebwerke mit hoher Leistung stellen große Anforderungen an das für den sicheren Betrieb so wichtige Motorenöl. Bei fast allen modernen Flugmotoren ist man – ähnlich wie bei Kfz-Motoren – deshalb dazu übergegangen, **legierte Öle** anstelle des unlegierten Mineralöls vorzuschreiben. Zum Teil kommen auch schon rein synthetische Hochleistungsöle (besonders in Turbinentriebwerken) zur Anwendung.

Legierte Öle haben besondere Zusätze, die z. B. Verbrennungsrückstände und Schmutz im Motor in der Schwebe halten. Sie verhindern somit leistungsvermindernde Ablagerungen von Verbrennungsrückständen und Schmutz im Triebwerk und schützen vor Korrosion. Solche Öle werden (wie im Kfz-Wesen) unter der Bezeichnung **HD-Öle** auf den Markt gebracht. Die Abkürzung HD bedeutet **Heavy Duty.** Man spricht aus diesem Grunde auch von **Heavy Duty-Ölen,** die für höchste Belastungen ausgelegt sind.

Hier eine **Liste der gebräuchlichsten HD-Öle,** die in der Fliegerei vorwiegend verwendet werden:

Bezeichnung (SAE):	Herstellerbezeichnung **(weicht ab von SAE-Bezeichnung):**
20	55
30	65
40	**80 (Winter)**
50	**100 (Sommer)**

Die letzten beiden Ölsorten sind für uns besonders wichtig. Da in den gemäßigten Breiten keine allzu großen Temperaturschwankungen (Lufttemperatur) auftreten, verwenden wir fast ausschließlich **das dünnere SAE-40** (Hersteller-Bezeichnung **80) im Winter** und **das etwas dickflüssigere SAE-50** (Hersteller-Bezeichnung **100) im Sommer** bei höheren Lufttemperaturen. Die Viskosität (Zähflüssigkeit) des Öls lässt sich leicht an der heute üblichen SAE-Einteilung ablesen. **Je geringer die SAE-Zahl, desto geringer die Viskosität!** Da unlegiertes Öl eine weniger hohe Schmierfähigkeit aufweist als legiertes Öl, werden neue Triebwerke in den ersten Betriebsstunden (ca. 25 bis 50 Std.) mit unlegiertem Öl betrieben, damit die beweglichen Teile (Lager, Kolben usw.) sich besser anpassen können. Danach wird das Triebwerk auf legiertes Öl umgestellt.

Merke: Legierte und unlegierte Öle dürfen niemals miteinander vermischt werden!

Kfz-Motoröl (auch der gleichen SAE-Klasse) darf nicht eingefüllt werden, weil es so große Unterschiede zum so genannten „Aviation-Oil" aufweist, dass der Motor Schaden nehmen kann!

G Triebwerk-Überwachungsinstrumente und -systeme des Flugzeugs

9.1 Der Drehzahlmesser

In allen Sport- und Reiseflugzeugen mit **nicht verstellbarem Propeller (fixed-pitch prop)** ist der Drehzahlmesser das einzige Instrument, das die Leistung des Triebwerks direkt anzeigt. Er wird in den meisten Fällen über eine flexible Welle angetrieben und zeigt die **Umdrehungen der Kurbelwelle** des Motors **pro Minute** an **(U/min** oder engl.: **RPM = revolutions per minute).**

Normalerweise gilt beim Drehzahlmesser folgende Regel: Je höher die Drehzahl, umso größer die Motorleistung. In größeren Höhen (geringere Luftdichte) ist der Drehzahlmesser jedoch kein zuverlässiges Leistungsanzeigegerät mehr. **Die Leistung des Motors fällt nämlich mit zunehmender Höhe wegen der geringer werdenden Luftdichte immer mehr ab!**

Leistet der Motor z. B. in **Meereshöhe** (MSL = mean sea level) bei Standard-Bedingungen (ICAO-Normalatmosphäre) mit einer **Drehzahl von 2 700 U/min 100 PS**, so wird er in einer **Höhe von 3 000 m** (ca. 10 000 ft) **nur noch ungefähr die Hälfte** bei der gleichen Drehzahl leisten können.

Die **Leistung des Triebwerks** wird mit dem **Gashebel (engl.: throttle)** bestimmt, der (meist über ein Gestänge) die Benzin-Luftströmung vom **Vergaser (engl.: carburetor)** aus zum Triebwerk regelt.

Fast alle heute gebräuchlichen Drehzahlmesser haben **Farbmarkierungen für den normalen Betriebsbereich (grün)** in bestimmten Höhen (Bild 9.1):

1. **Breiter grüner Bereich** = höchstzulässige Dauerdrehzahl in MSL (mean sea level),
2. **mittlerer grüner Bereich** = höchstzulässige Dauerdrehzahl 5 000 ft,
3. **schmaler grüner Bereich** = höchstzulässige Dauerdrehzahl 10 000 ft,
4. **roter Strich** = höchstzulässige Drehzahl des Triebwerks.

Manche Flugzeuge haben im grünen Drehzahlbereich einen kleinen gelb oder rot markierten Bereich, der Drehzahlen andeutet, die schädliche Schwingungen (Vibrationen) verursachen. Die Vibrationen treten bei diesen Drehzahlen vor allem am Propeller auf, dessen Material **bei Dauerbetrieb im so markierten Drehzahlbereich Strukturschäden erleiden kann!**

Allgemein kann man davon ausgehen, dass dieser **kritische Drehzahlbereich** bei allen unseren Sport- und Reiseflugzeugen **zwischen 2 100 und 2 300 U/min** liegt. Deshalb sollte man unbedingt einen **Dauerbetrieb in diesem Bereich (vor allem im Reiseflug) meiden!**

Der gute und erfahrene Flugzeugführer richtet sich bei allen **Flugleistungsangelegenheiten (aircraft performance)** nach dem **Flughandbuch** des entsprechenden Flugzeugmusters (vgl. Band 3 – Technik II, Kapitel 4 „Flugleistungen und Flughandbuch“).

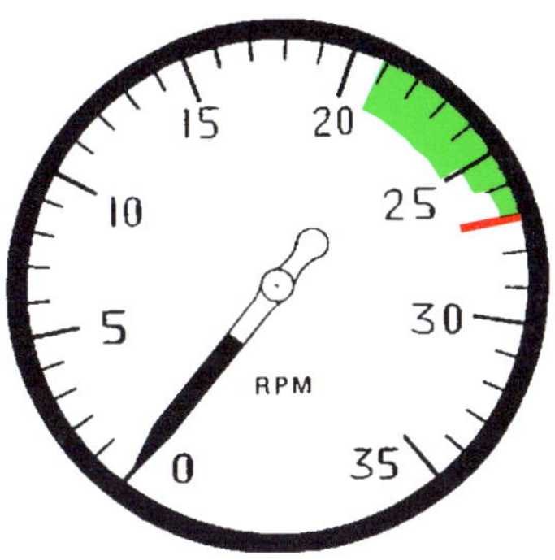

Bild 9.1 Der Drehzahlmesser

9.2 Der Ladedruckmesser (Manifold Pressure Gauge)

Der Ladedruckmesser – vor allem in Flugzeugen mit Constant-Speed-Verstellpropeller installiert – ist im Prinzip nichts anderes als ein Barometer, das bei stehendem Motor den Bodenluftdruck anzeigt. Läuft das Triebwerk, so zeigt der Ladedruckmesser den **Druck im Ansaugstutzen** an, entweder in **Zoll Hg/inches of mercury** oder in **Millibar/Hectopascal.** Im Ansaugstutzen wird das im Vergaser aufbereitete Benzin-Luft-Gemisch zum Einlassventil des Zylinders geführt (Bild 9.2).

Der am Instrument nun abzulesende Wert (z.B. 25"Hg) ist der so genannte **Ladedruck** (engl.: manifold pressure).

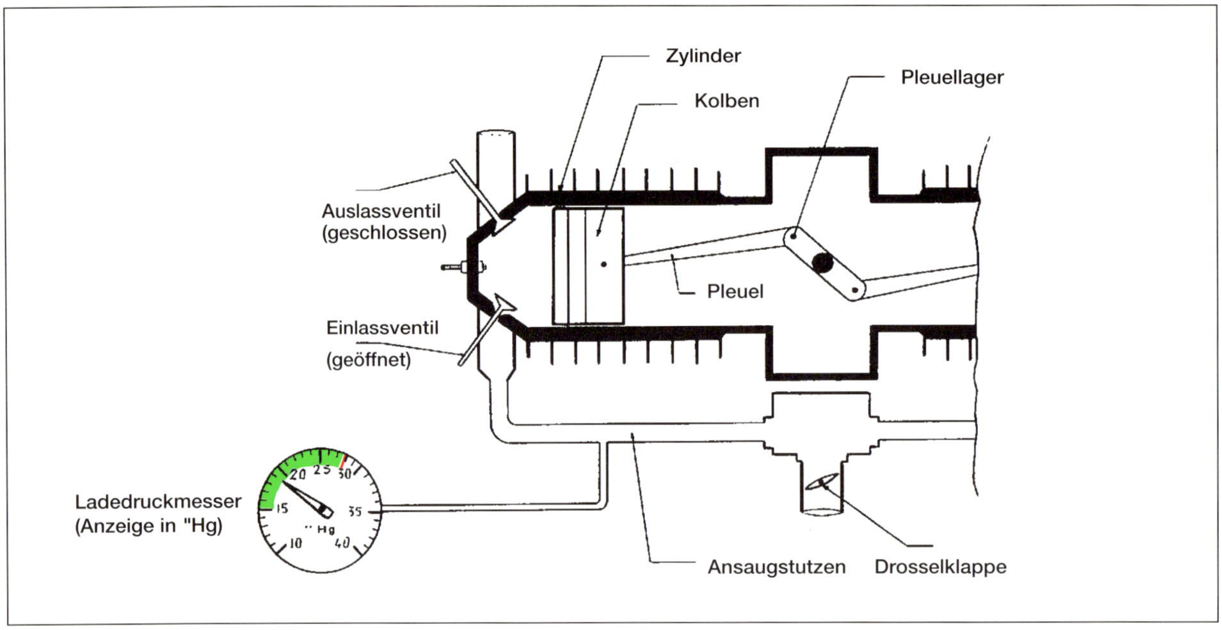

Bild 9.2 Der Ladedruckmesser (manifold pressure gauge)

Ladedruckmesser werden in Flugzeugen aus zwei wichtigen Gründen verwendet:

1. Um in allen Flughöhen eine bessere Anzeige der Motorleistung zu erhalten.
2. Um bei Constant-Speed-Verstellschrauben das Verhältnis zwischen Motorleistung (= Ladedruck) und Drehzahl (U/min) besser kontrollieren zu können.

Der Constant-Speed-Verstellpropeller ermöglicht ja während des Fluges jederzeit eine Veränderung des Verhältnisses Motorleistung/Drehzahl.

Da die Drehzahl eines Constant-Speed-Verstellpropellers **ohne Veränderung der Motorleistung** (Ladedruck), die mit dem Gashebel kontrolliert wird, reguliert werden kann, ist der **Drehzahlmesser** alleine **keine zuverlässige** Motorleistungsanzeige!

Zum Schluss des Abschnitts **„Ladedruckmesser"** wollen wir uns noch kurz die **grundsätzlichen Bedienungsvorschriften** für Flugzeuge mit **Constant-Speed-Verstellpropeller** einprägen. Vielleicht kommen Sie schon bald nach Ihrer Schulung dazu, ein solches Flugzeug einmal zu fliegen. Viele unserer modernen Sport- und Reiseflugzeuge sind mit solchen Propellern ausgerüstet (z.B. C 172 Rocket, C182, Mooney Bravo M20M, Cirrus SR 20/22 usw.). Solche Flugzeuge haben immer **zwei Bedienungshebel** für die Leistungskontrolle:

1. **den Gashebel (throttle),** mit dem der Ladedruck (Benzin-Luftströmung) zum Motor reguliert werden kann;
2. die **Propellerverstelleinrichtung (propeller pitch control),** mit der der Flugzeugführer die gewünschte Drehzahl einstellen (setzen) kann.

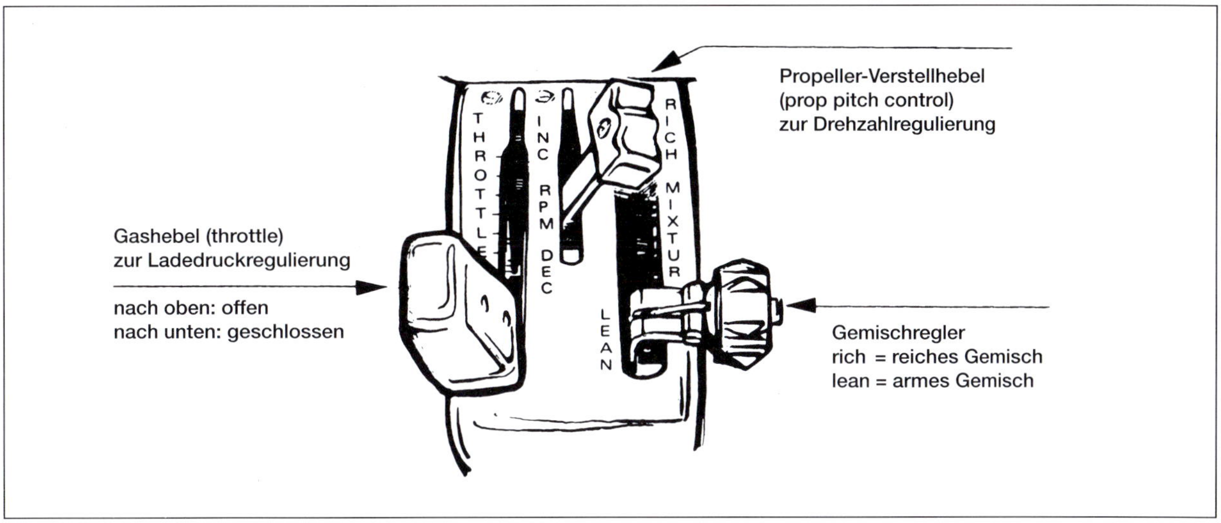

Bild 9.3 Gashebel (throttle) und Propeller-Verstellhebel (prop pitch control) mit Gemischregler (Fuji FA 200, 180 PS)

Mit dem uns allen bekannten **Gashebel** (throttle) wird also die Benzin-Luft-Strömung zum Triebwerk eingestellt und die daraus hervorgehende Motorleistung kann auf dem **Ladedruckmesser** (manifold pressure gauge) als **Ladedruck** abgelesen werden.

Die **Propellerverstelleinrichtung** (prop pitch control) – meistens ein Hebel – ermöglicht dem Flugzeugführer das **Einstellen** (Setzen) **einer gewünschten Drehzahl** (U/min). Bei den heute gebräuchlichen Constant-Speed-Verstellpropellern regelt ein Propeller-Regler (prop governor) automatisch die einmal vom Flugzeugführer eingestellte Drehzahl, indem er jede vom Triebwerk ausgehende Leistungsänderung durch Verstellung des Propellers (Änderung der Propellersteigung) kompensiert.

Merke:

1. Wird der **Ladedruck erhöht** (durch Betätigung des Gashebels), so **vergrößert** der Propeller-Regler (prop governor) automatisch die **Propellersteigung** (prop pitch), um die eingestellte Drehzahl zu halten!
2. Wird der **Ladedruck verringert** (durch Zurücknehmen des Gashebels), so **verkleinert** der Propellerregler sofort die **Propellersteigung**, damit die gewählte Drehzahl sich nicht verändert.

Der Propellerverstellhebel (prop pitch control) ermöglicht es uns, für jede Phase des Fluges die **günstigste Propellersteigung** zu wählen.

In der Flugpraxis sieht das folgendermaßen aus:

1. **Für den Start** wird die **kleinstmögliche Propellersteigung** gewählt, damit der Propeller möglichst viel Luft nach hinten schaufeln kann (denken Sie an eine Schraube mit kleiner Steigung)!

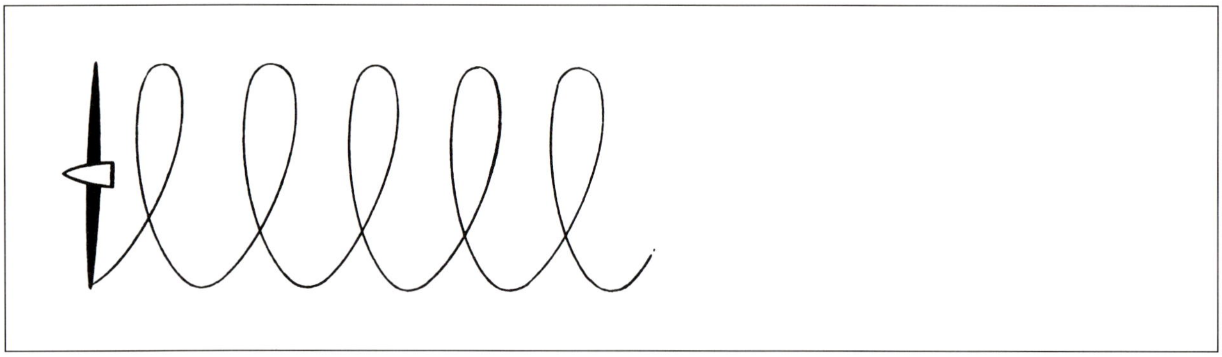

Bild 9.4 Propeller mit kleiner Steigung

2. **Für den Reiseflug** wählt man eine **möglichst große Propellersteigung,** damit das Flugzeug eine hohe Reisegeschwindigkeit erreicht (Schraube mit großer Steigung)!

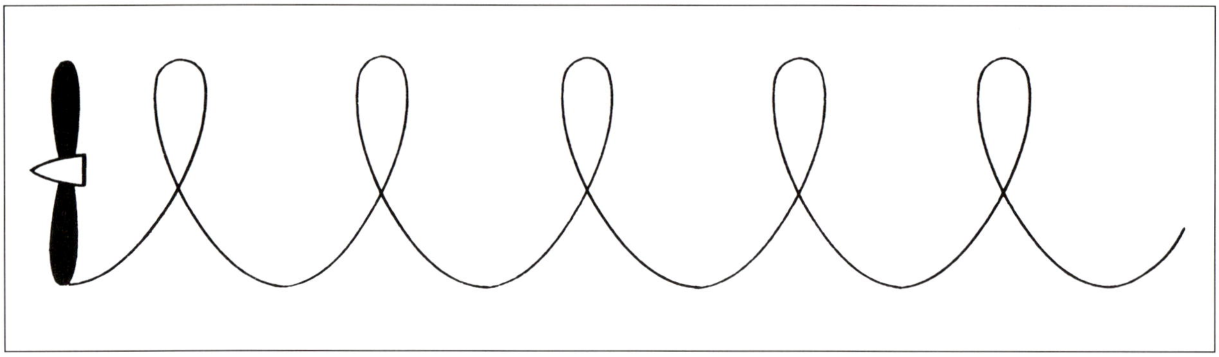

Bild 9.5 Propeller mit großer Steigung

In jedem Fall muss der Flugzeugführer eines Flugzeugs mit **Constant-Speed-Verstellpropeller** die entsprechenden Leistungsdaten **(Drehzahl/RPM und Ladedruck/"Hg oder mb/hPa)** für die einzelnen Phasen des Fluges dem **Flughandbuch** des Luftfahrzeugmusters entnehmen! (Vgl. auch **Band 3 – Technik II „Flugleistungen/aircraft performance").** Als Faustregel kann dabei (Start ausgenommen) gelten:

Der Ladedruck in Zoll ("Hg) darf den hundersten Teil der Drehzahl nicht überschreiten!
Beispiel: Drehzahl im Reiseflug **2 400 U/min** – Ladedruck nicht höher als **24"Hg!**

9.3 Öldruck- und Öltemperaturanzeige (Oil Pressure and Oil Temperature Gauge)

Alle Arten von Verbrennungsmotoren (Diesel- oder Otto-Motoren) benötigen einen gut funktionierenden Ölkreislauf, der für **Schmierung** und **Kühlung** aller beweglichen Teile des Motors sorgt (Lager, Ventile, Kurbelwelle, Pleuellager usw.).

Das hochwertige Motorenöl für Luftfahrzeugmotoren erfüllt drei wichtige Funktionen beim Betrieb des Motors:

1. Es legt einen hauchdünnen Ölfilm über die Oberfläche von beweglichen Teilen (Lager, Kurbelwelle usw.) und verhindert so direkte Reibung zwischen Metallflächen. Der Reibungswiderstand und die dabei entstehende Hitze werden auf ein erträgliches Maß reduziert.
2. Das Motorenöl nimmt einen großen Anteil der durch die Verbrennung entstehenden Hitze auf.
3. Es verlängert die Lebensdauer und erhöht die Betriebssicherheit des Motors.

Der Ölkreislauf im Triebwerk wird in den meisten Fällen durch eine **Ölpumpe** aufrechterhalten, die das Öl mit einem der Drehzahl des Triebwerks entsprechenden Druck durch Leitungen und Kanäle zu den kritischen Stellen (Lager des Motors) befördert. Das Öl wird nun durch Reibung und Verbrennung im Triebwerk erhitzt (es wird dabei dünner) und fließt über ein Ventil wieder in den Ölbehälter (aus dem es vorher abgepumpt wurde) zurück. In diesem Ölbehälter – der auch Ölsumpf genannt wird – ist ein Ölfilter installiert, der das Öl von Rückständen befreit, bevor es durch eine Leitung hinter dem Filter wieder in den Kreislauf gepumpt wird.

Viele neuere Flugzeuge sind mit einem Ölkühler ausgerüstet, der dem Luftstrom während des Fluges ausgesetzt ist, um eine zufrieden stellende Ölkühlung zu gewährleisten.

Damit wir im Fluge das einwandfreie Funktionieren des Ölsystems überwachen können, stehen uns zwei Instrumente zur Verfügung:

1. Die **Öldruckanzeige** mit folgenden Markierungen:

   a) Roter Strich zur Markierung des **Mindestöldrucks.**

   b) Grüner Bereich, der den **normalen Öldruck** anzeigt.

   c) Roter Strich zur Anzeige des **maximalen Öldrucks.**

   Sollte nach dem **Anlassen** des Motors der Öldruck nicht innerhalb von 30 Sekunden (im Winter 60 Sek.) so aufgebaut sein, dass die Anzeige im grünen Bereich liegt, so muss das **Triebwerk sofort wieder abgestellt** werden, da sonst schwere Schäden auftreten können.

2. Die **Öltemperaturanzeige** ist das zur Ergänzung der Öldruckanzeige unerlässliche Instrument für den sicheren Betrieb des Motors. Zwischen **Öldruck** und **Öltemperatur** besteht ein wichtiger **Zusammenhang!** Steigt die Öltemperatur, so wird der Öldruck immer etwas abfallen, da das Öl dünner geworden ist. Moderne Mehrbereichsöle verringern diese Tendenz zwar, indem sie ihre Viskosität (Zähflüssigkeit/Schmierfähigkeit) bei jeder Temperatur fast konstant halten, jedoch bleibt der umgekehrte Zusammenhang zwischen Öldruck und Öltemperatur (hohe Öltemperatur = abfallender Druck) im Allgemeinen bestehen.

Merke: Die Öldruck- und Öltemperaturanzeige arbeiten unabhängig vom Bordnetz des Flugzeugs!

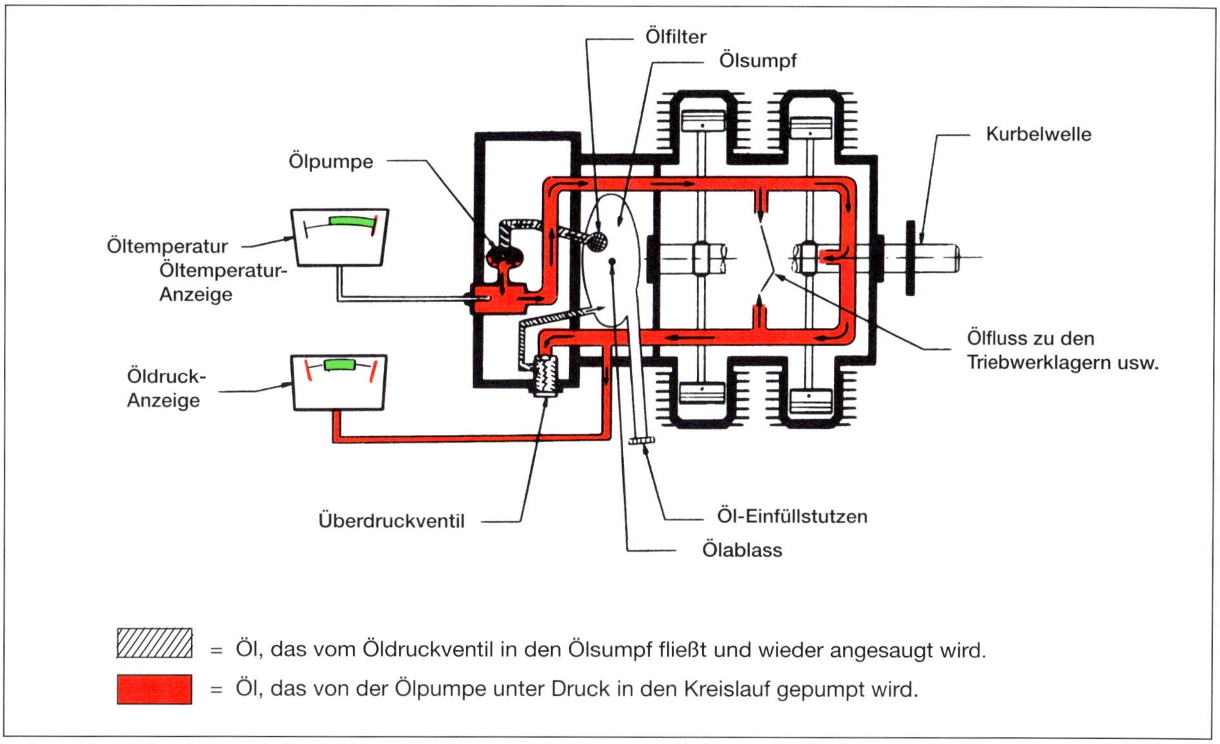

Bild 9.6 Der Ölkreislauf im Triebwerk

9.4 Die Zylinderkopftemperaturanzeige (Cylinder Head Temperature Gauge)

Die eben behandelten Instrumente (Öldruck- und Öltemperaturanzeige) zeigen Veränderungen des Öldrucks und vor allem der Triebwerkstemperatur nur verzögert an. Deshalb finden wir in vielen Flugzeugen zusätzlich eine so genannte **Zylinderkopftemperaturanzeige,** die Temperaturänderungen sofort wahrnimmt und anzeigt.

Ein **Thermoelement,** das aus zwei verschiedenen Metallen besteht, die unterschiedlich auf Temperaturänderungen reagieren (Bimetall-Thermometer), ermöglicht die **sofortige Anzeige von Temperaturänderungen.** Werden die beiden verbundenen Metallstücke erwärmt, so erzeugen sie eine elektrische Spannung, die vom Gerät ausgewertet (gemessen) und über den Zeiger in °C oder °F zur Anzeige gebracht wird.

Die Messeinheit (Bimetall-Thermometer) ist meistens nur an einen Zylinder angeschlossen und kann deshalb die Temperatur der anderen Zylinder nicht auswerten. In den meisten Fällen ist sie jedoch am kritischen Zylinder installiert, der während des Fluges die größte Hitze entwickelt.

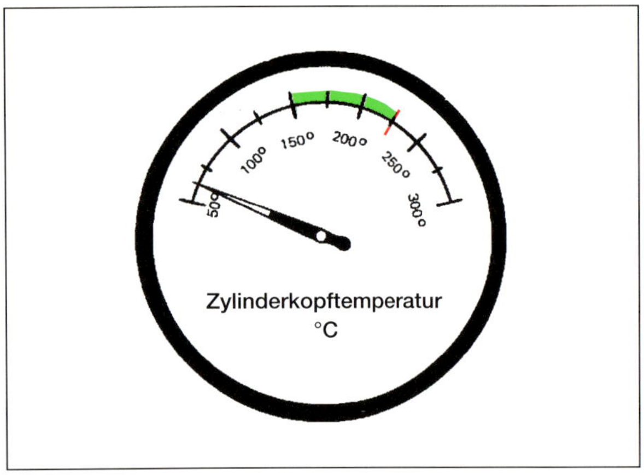

Bild 9.7 Zylinderkopftemperaturanzeige

Die Anzeige hat (wie viele andere Instrumente) Farbmarkierungen:

1. Einen **grünen Bereich** für normale Betriebstemperaturen.
2. Einen **roten Strich** zur Anzeige der höchstzulässigen Zylinderkopftemperatur.

Zu hohe Zylinderkopftemperaturen können folgende Ursachen haben:

1. **Gemisch (mixture) zu arm!**
   Maßnahme: Gemischregler in Richtung reiches Gemisch (rich mixture) betätigen! Dadurch wird die Verbrennungstemperatur im Zylinder verringert.
2. **Zu wenig Luftkühlung aufgrund geringer Fluggeschwindigkeit!**
   Zum Beispiel bei Steigflug über einen längeren Zeitraum.
   Maßnahme: Steigflug mit höherer Geschwindigkeit durchführen oder in den Horizontalflug übergehen, damit der Motor besser gekühlt wird!

Bei Flugzeugen, die mit **Kühlklappen** (cowl flaps) ausgerüstet sind (z. B. C 182), kann durch Öffnen dieser Kühlklappen eine bessere Kühlung erreicht werden, die die Zylinderkopftemperatur erheblich senkt.

9.5 Die Zündanlage

Die Zündanlage in unseren Sport- und Reiseflugzeugen besteht im Wesentlichen aus folgenden Teilen:

1. **Zündschalter** mit den Schalterstellungen:
   AUS oder **OFF, Magnet 1, Magnet 2, beide Magnete** oder **Both** und **Anlassen** oder **Start.**
2. **Zwei Zündmagnete**, die am Motor angebracht sind.
3. **Zündverteiler mit** hochwertig isolierten **Zündkabeln,** die den Zündstrom zu den Zündkerzen an den Zylindern leiten.
4. **Zündkerzen** (zwei Kerzen pro Zylinder), die durch einen Hochspannungszündfunken (16 000 bis 20 000 Volt) das Benzin-Luft-Gemisch im Zylinder zünden.

Grundsätzlich – von einigen Ausnahmen abgesehen – hat jeder Zylinder aus Sicherheitsgründen **zwei Zündkerzen, die von zwei unabhängig voneinander arbeitenden Hochspannungszündmagneten** mit dem erforderlichen Zündstrom versorgt werden.

Die Magnetzündung unserer Flugzeugtriebwerke hat gegenüber der im Kraftfahrzeugmotor verwendeten Batteriezündung **drei wesentliche Vorteile:**

1. Sie arbeitet **unabhängig von der Stromversorgung des Bordnetzes!**
2. Der **Ausfall eines Zündmagneten verursacht noch keinen Triebwerkausfall!** Das Triebwerk läuft bei Ausfall eines Magneten auf dem anderen weiter.
3. Die **Magnetzündung erzeugt** – verglichen mit der Batteriezündung in Kraftfahrzeugen – **bei hohen Motordrehzahlen einen heißeren Zündfunken.**

Die Magnete werden über ein Zahnrad von der Kurbelwelle des Motors angetrieben und erzeugen entweder sofort oder über nachfolgende Zündspulen einen **zündfähigen Strom mit einer Spannung von ca. 16 000 bis 20 000 V.**

Der Strom wird nun zu einem so genannten **Unterbrecher** geleitet, der den Zündzeitpunkt steuert und den Strom in Hochspannungsimpulse unterbricht. Ein zwischengeschalteter Kondensator sorgt für die Entstörung des Zündsystems. Vom Unterbrecher gehen die Zündimpulse zum **Zündverteiler**, von dem aus der Zündstrom über gut isolierte Zündkabel zu den Zündkerzen des entsprechenden Zylinders geleitet wird.

Wie schon erwähnt, ist jeder Zylinder mit zwei Zündkerzen ausgerüstet. Eine Kerze wird vom linken, die andere vom rechten Zündmagneten mit Strom versorgt. **Zusätzlich** zur daraus resultierenden Betriebssicherheit **bewirkt diese Zweifachzündung eine gleichmäßigere Verbrennung im Zylinder, die die Leistung des Triebwerks erhöht.**

Die Zündanlage des Flugzeugs **muss unbedingt vor dem Start überprüft werden.** Der Motor soll zu dieser wichtigen Überprüfung nach dem Warmlauf (Öltemperatur und Zylinderkopftemperatur im grünen Bereich) mit einer **vom Hersteller vorgeschriebenen Drehzahl (meist 1 700 – 1 800 RPM)** laufen. Ist die Drehzahl eingestellt, so wird jeder Magnet einzeln durch Zündschalterbetätigung geprüft. Dabei ist immer ein **leichter Drehzahlabfall** zu beobachten, weil jeder Zylinder jetzt nur mit einer Zündkerze arbeitet (schlechtere Verbrennung). **Der Drehzahlabfall sollte jedoch 125 RPM** auf jedem einzelnen Magneten **nicht überschreiten** und die **Drehzahldifferenz zwischen beiden Magneten sollte nicht größer als 50 RPM sein.**

Bei Flugzeugen mit **Constant-Speed-Verstellpropellern** ist die **Magnetüberprüfung** immer mit Propellereinstellung **kleine Steigung** (high RPM) durchzuführen.

Ist der Drehzahlabfall (oder die Drehzahldifferenz) **größer als der vom Hersteller erlaubte Wert (vgl. Flughandbuch),** so **fliegen Sie bitte nicht** mit dem Flugzeug! Lassen Sie die Ursache in einer Werft feststellen und den Fehler beheben.

Sollte bei der Überprüfung festgestellt werden, dass zwischen dem Betrieb mit beiden Magneten (both) und jedem einzelnen Magneten (L+R) kein Drehzahlabfall auftritt, so besteht die Möglichkeit einer ungenügenden oder fehlenden Erdung (Masseschluss unterbrochen). Der Zündschalter ist dann nicht funktionsfähig und beide Magnete sind **auch bei ausgeschalteter Zündung (Off/Aus) sofort betriebsbereit!** Die kleinste Bewegung der Luftschraube (z. B. bei der Außeninspektion) kann in diesem Fall ein Anspringen des Triebwerks verursachen. Deshalb sollte man **niemals ohne Überprüfung der Zündschalterfunktion die Luftschraube von Hand durchdrehen!** Die Überprüfung des Schalters ist nur bei laufendem Triebwerk möglich (bei 1 000 RPM kurz auf „Off/Aus" schalten).

9.6 Die Kraftstoffsysteme

Für die Versorgung des Triebwerks mit Kraftstoff werden in kleineren Flugzeugen – je nach Bauart – zwei unterschiedlich arbeitende Kraftstoffsysteme verwendet:

1. **Die Fall-Kraftstoffanlage** nützt die Schwerkraft zum Transport des Kraftstoffs vom Tank zum Triebwerk aus. Sie kann nur in Flugzeugen angewendet werden, deren Tankausgang bei normalen Fluglagen oberhalb des Vergasers liegt. Deshalb findet man diese Art der Kraftstoffversorgung oft bei Hoch- und Schulterdeckern vor.

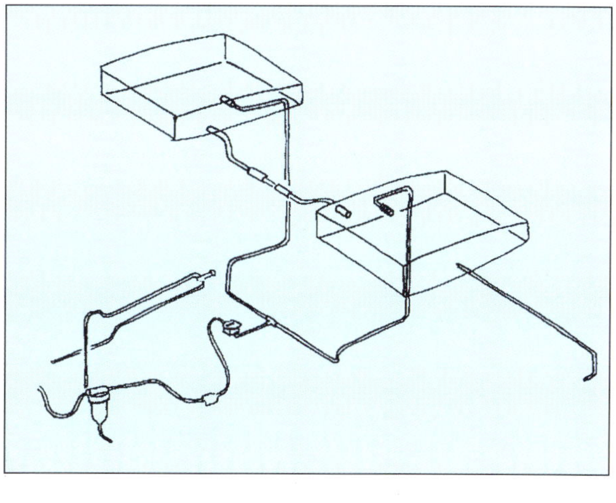

Bild 9.8 Die Fall-Kraftstoffanlage eines Hochdeckers mit verbundenen Tanks

2. **Das Kraftstoffpumpensystem** findet bei Tief- und Mitteldeckern Anwendung. Die Tanks sind hier meist so installiert, dass der Kraftstoff nur über eine vom Triebwerk angetriebene Kraftstoffpumpe zum Vergaser oder Einspritzer gesaugt werden kann. Da die vom Motor getriebene Pumpe ausfallen kann, installiert man meist vor dem Brandschott eine **elektrische Kraftstoff-Zusatzpumpe (boost pump)** in das System hinein, um die Betriebssicherheit zu erhöhen. Diese Kraffstoff-Zusatzpumpe wird vom Cockpit aus vom Flugzeugführer selbst bedient. Der Hersteller des Flugzeugs schreibt im **Flughandbuch** die richtige Bedienung dieser Pumpe vor. Bitte genau beachten!

   In den meisten Fällen wird die Pumpe **vor dem Anlassen, vor dem Start, vor der Landung** und natürlich **bei Ausfall** der motorgetriebenen Kraftstoffpumpe eingeschaltet.

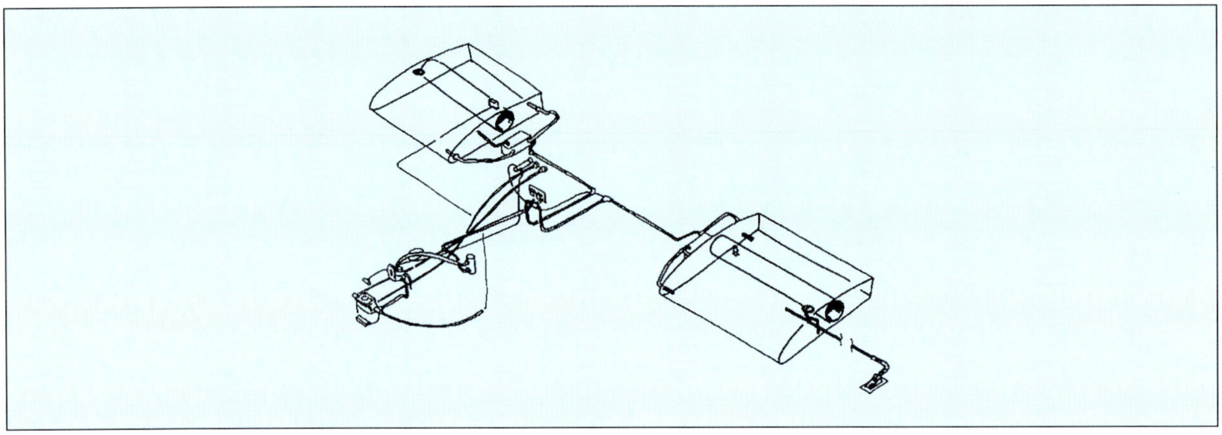

Bild 9.9 Das Kraftstoffpumpensystem eines Tiefdeckers mit elektrischer Zusatzpumpe

3. **Tankwahlschalter** sind im Cockpit immer in der Nähe des Flugzeugführersitzes gut erreichbar installiert. Sie haben entweder eine einfache **Ein/Aus-, Links/Rechts-** oder **Links/Rechts/Beide-Schaltung.** Die vom Hersteller vorgeschriebene **richtige** Tankschaltung muss der Flugzeugführer – erst recht in Notfällen – unbedingt beachten (vgl. Flughandbuch)!

4. Eine **Kraftstoffdruckanzeige** wird immer dann in das Kraftstoffsystem eingebaut, wenn es sich um eine Kraftstoffpumpenanlage handelt. Sie zeigt den Druck in der Kraftstoffleitung zwischen der Kraftstoffpumpe und dem Vergaser (Einspritzer) an. Oft ist die Skala farbig markiert. Der grüne Bereich zeigt dem Flugzeugführer an, dass der Kraftstoffdruck normal ist. Die Anzeige erfolgt in **kg/cm²** oder in **psi (pounds per square inch).**

9.7 Gemischbildungsanlagen (Vergaseranlagen und Einspritzsysteme)

In unseren Leichtflugzeugen werden grundsätzlich zwei verschiedene Arten von Gemischaufbereitungsanlagen verwendet. Es sind entweder **Vergaseranlagen,** die in ihrer Art dem Kraftfahrzeugvergaser ähneln, oder **Einspritzsysteme.**

Vergaseranlagen mischen Luft und Kraftstoff im so genannten Vergaser. Das hier aufbereitete Kraftstoff-Luft-Gemisch wird dann über Ansaugstutzen zu den Zylindern geführt.

Einspritzsysteme hingegen mischen Luft und Kraftstoff erst kurz vor dem Eintritt in den Zylinder. Der Kraftstoff wird entweder in die Ansaugleitung am Einlassventil oder direkt in den Verbrennungsraum im Zylinder eingespritzt.

1. Vergaseranlagen

Die für das Kraftstoff-Luft-Gemisch benötigte Luft wird über einen **Luftfilter** hinter dem **Vergaserlufteintritt** an der Schnauze des Flugzeugs in den eigentlichen Vergaser geleitet. Der Luftfilter sollte in Abständen auf Verschmutzung hin untersucht werden, da **bei Verschmutzung des Filters** durch Fliegen, Staub oder andere Dinge die Durchlässigkeit des Filters beeinträchtigt werden kann.

Die gefilterte Luft muss nun im Vergaser ein Venturi-Rohr passieren (Bild 9.10) und wird durch die Verengung beschleunigt. Es entsteht ein **Unterdruck** an dieser Stelle des so genannten **Drosselklappengehäuses.** In der Verengung ist die **Hauptdüse** des Vergasers installiert. Da in der **Schwimmerkammer** der atmosphärische Druck herrscht, wird der Kraftstoff gezwungen, über eine Leitung zur Hauptdüse in das Gebiet des Unterdrucks zu strömen. Hier wird er mit der vom Luftfilter her einströmenden Luft gemischt und verdampft dabei. Das so hergestellte **zündfähige Kraftstoff-Luft-Gemisch** gelangt nach diesem Prozess über eine Ansaugleitung (Ansaugstutzen) zum Zylinder.

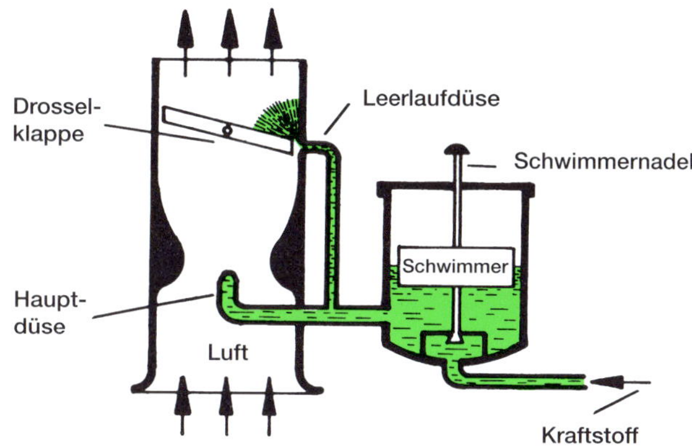

Bild 9.10 Das Vergaser-Prinzip

Im Leerlauf bei Drehzahlen unter 1 000 RPM öffnet sich die Drosselklappe nur geringfügig. Hinter dieser Klappe herrscht in diesem Falle ein beträchtlicher Unterdruck. Der Luftdurchfluss im Venturi-Rohr ist so gering, dass aus der Hauptdüse kein Kraftstoff herausströmen kann (zu geringe Luftströmung). Der Kraftstoff fließt nur über einen so genannten Leerlaufkanal zur Leerlaufdüse hinter der Drosselklappe. Dort vermischt er sich mit der wenigen Luft, die durch den kleinen Spalt zwischen Rohr und Drosselklappe strömt, und bildet mit dieser Luft das für den Leerlauf erforderliche Gemisch **(Leerlaufgemisch).**

Beschleunigen wir das Triebwerk auf höhere Drehzahlen (die Drosselklappe öffnet sich dabei mehr), so wird aufgrund der schnelleren Luftströmung im Venturi-Rohr die Hauptdüse in Betrieb gesetzt.

a) Die Gemischregelung (engl.: mixture control)

Die Gemischregelung wird in den meisten Flugzeugen mit einem Hebel (oft rot markiert) kontrolliert. Betätigt man diesen Hebel in Richtung **„reiches Gemisch"** (rich mixture), so gibt im Vergaser eine Nadel die Kraftstoffleitung zur Hauptdüse vollkommen frei und **der Kraftstoff kann ungehindert mit der maximal möglichen Menge zur Hauptdüse strömen.** Der Motor läuft jetzt mit einem so genannten **reichen Gemisch.**

Wird die Gemischregelung in Richtung **„armes Gemisch"** (lean mixture) bewegt, so dringt die Nadel der Gemischregelung in die Kraftstoffleitung zur Hauptdüse ein und begrenzt die Kraftstoffzufuhr zur Hauptdüse. Das Triebwerk arbeitet nun – die Luftmenge bleibt gleich, während die Kraftstoffzufuhr gedrosselt ist – mit einem **armen Gemisch.**

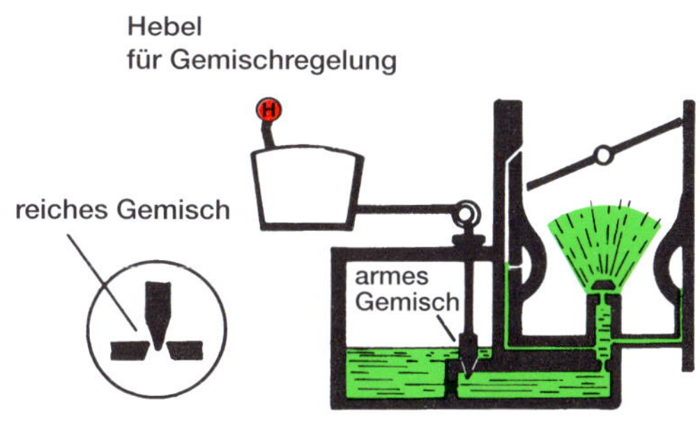

Bild 9.11 Prinzip der Gemischregelung

Bei zu armem Gemisch – zu wenig Kraftstoff im Verhältnis zur Luftmenge – **läuft der Motor rau, setzt zeitweise aus, wird zu heiß** (zu hohe Verbrennungstemperatur) und ein **deutlicher Leistungsabfall** macht sich bemerkbar. Ein armes Gemisch muss immer dann vermieden werden, wenn das Triebwerk mit hoher Leistung arbeitet (Start, Steigflug, Durchstarten). Das trifft auch für größere Höhen zu!

Merke: Ein zu arm eingestelltes Gemisch kann Überhitzung des Triebwerks (Ventile verbrennen, Zündkerzen werden zu heiß) und hohen Leistungsverlust verursachen!

Ist das **Gemisch zu reich** (zu viel Kraftstoff im Verhältnis zur Luftmenge), so **läuft der Motor ebenfalls rau** und die **Leistung fällt ab**. Der Kühleffekt des zu viel einfließenden Kraftstoffs in den Verbrennungsraum erlaubt es dem Triebwerk nicht die normale Betriebstemperatur zu erreichen. Die Zündkerzen benötigen jedoch genügend Wärme, um eine saubere Verbrennung zu bewerkstelligen. Da sie jedoch bei zu reichem Gemisch nicht warm genug werden, bilden sich Kohleablagerungen und andere leitende Rückstände an der Kerzenelektrode, die eine saubere Verbrennung unmöglich machen können.

Unsere Vergaser sind normalerweise für den Betrieb in Meereshöhe (MSL) geeicht. Das bedeutet, dass ein richtiges Gemisch von Kraftstoff und Luft nur in Meereshöhe mit der Gemischregelung „vollreich" produziert werden kann. **Mit zunehmender Höhe** im Flug **verringert sich aber die Luftdichte** erheblich. Folge: **Der Vergaser erhält zu wenig Luft.** Mit zunehmender Höhe bleibt die Kraftstoffmenge, die in den Vergaser fließt, unverändert, während der Sauerstoffanteil in der weniger dichten Luft abnimmt. **Das Benzin-Luft-Gemisch wird also mit zunehmender Höhe ohne Betätigung der Gemischregelung reicher** und die schon beschriebenen Folgen eines zu reichen Gemisches treten ein.

Deshalb muss der Flugzeugführer in der Lage sein die Kraftstoffzufuhr zum Vergaser so zu regeln, dass in jeder Höhe das Verhältnis Kraftstoff/Luft richtig ist und die beste Triebwerksleistung erreicht wird. Diese Möglichkeit ist mit dem Gemischregelungshebel gegeben, der über ein Gestänge mit dem Vergaser verbunden ist.

Achtung: Die Gemischregelung (mixture control) nur nach den Vorschriften des Flugzeugherstellers/Triebwerkherstellers bedienen!

Zum Schluss dieses wichtigen Kapitels der Gemischregelung noch einige Hinweise:

- Das **Verhältnis Kraftstoff/Luft liegt in der Praxis ca. zwischen 1:10 (reich) und 1:17 (arm).**
- Fällt das **Mischungsverhältnis unter 1:10** ab, so **fällt die Triebwerkleistung ab** und **der Kraftstoffverbrauch steigt an!**
- **Ein armes Gemisch ist bezüglich des Kraftstoffverbrauchs günstig, jedoch fällt die Leistung über dem Verhältnis 1:17 stark ab und der Motor wird zu heiß** (Abgas- und Zylinderkopftemperatur erhöhen sich über den zulässigen Bereich hinaus)!
- Das **Kraftstoff-Luft-Verhältnis von 1:15** (chemisch richtiges Gemisch, engl.: chemical correct mixture = **CCM) ergibt** in der Praxis **die höchstzulässige Zylinderkopftemperatur (ca. 225 °C) und die höchstzulässige Abgastemperatur (ca. 900 °C).**
- **Unsere Flugzeugkolbentriebwerke haben bei einem Mischungsverhältnis von 1:12,5** im Allgemeinen **den besten Leistungsgrad.** Der Kraftstoffverbrauch ist bei diesem Verhältnis immer noch wirtschaftlich.
- Eine **exakte Gemischeinstellung** lässt sich **am besten mit einem so genannten Abgastemperatur-Anzeiger** (engl.: exhaust gas temperature indicator = EGT) regeln. **Der Gemischregler wird dabei so weit in Richtung „arm" betätigt, bis die Abgastemperatur ihren Spitzenwert erreicht (peak EGT).** Dann nach Vorschrift des Triebwerkherstellers einregeln. Nach der Einstellung in Abständen Zylinderkopftemperatur – wenn vorhanden – beobachten! Vgl. hierzu auch **Abschnitt 9.8 „Richtige Gemischregulierung mit dem Abgastemperatur-Anzeigegerät – EGT"!**

b) Die Vergaser-Vorwärmung (engl.: carburetor heat system)

Durch die **Verdampfung und Vernebelung des Kraftstoffs** in Verbindung mit einer **Ausdehnung (Expansion) der in das Venturi-Rohr eintretenden Luft** kühlt sich das Kraftstoff-Luft-Gemisch im Vergaser stark ab. In der Mischkammer des Vergasers **kann die Temperatur dabei bis zu ca. 21 °C unter die Temperatur der eintretenden Außenluft absinken.** Der in der Luft immer vorhandene **Wasserdampf kondensiert aufgrund der extremen Abkühlung** sofort nach Eintritt in das Vergasersystem. Sinkt die Temperatur in der Mischkammer bis zum Gefrierpunkt (0 °C) oder darunter ab, **so bildet sich Eis,** das vor allem am Venturi-Rohr und an und hinter der Drosselklappe anfriert.

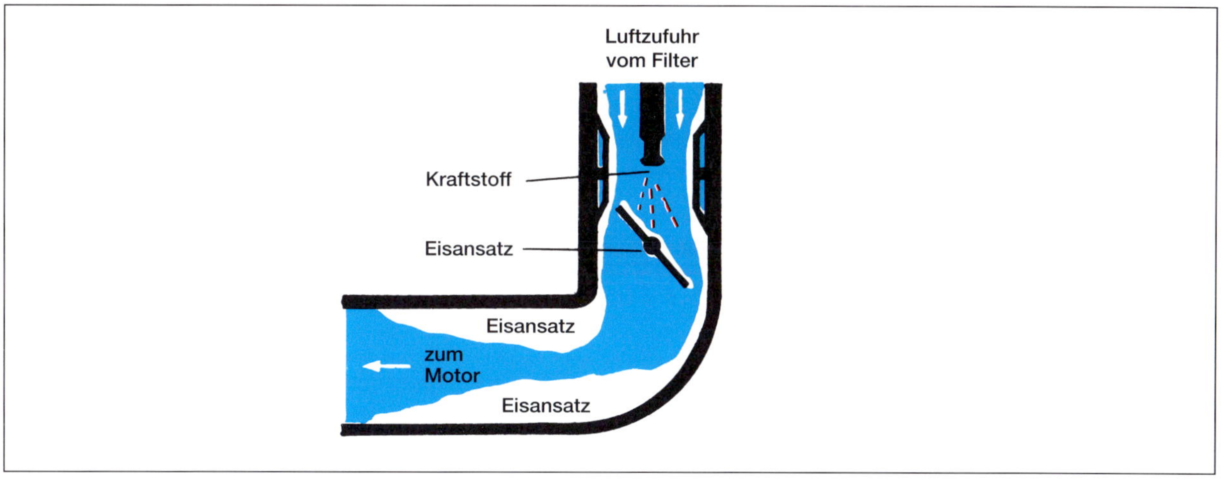

Bild 9.12 Vergaservereisung reduziert die Motorleistung stark oder kann sogar zu einem Triebwerksausfall führen!

Schon der kleinste Eisansatz im Vergaser führt zu einem **Leistungsverlust des Triebwerks** und bei sich fortsetzender Eisbildung (Zufrieren der Ansaugleitung hinter der Drosselklappe) **kann der Motor** – besonders bei teilweise oder ganz geschlossener Drosselklappe (niedrige Drehzahl oder Leerlauf) – **ausfallen!**

Um dieser gefährlichen Vereisung des Vergasers zu begegnen, sind unsere Flugmotoren mit einer so genannten **Vergaser-Luft-Vorwärmanlage** (Vergaservorwärmung) ausgerüstet. Dabei wird Außenluft in einen Mantel, der um einen Teil der sehr heißen Auspuffrohre gelegt ist, geleitet und **vorgewärmt.** Diese vorgewärmte Luft gelangt nun über eine spezielle Leitung zu einer Klappe, die mit dem Vergaser-Vorwärmungsbedienhebel oder Bedienungsknopf im Cockpit zu kontrollieren ist. Steht dieser Hebel oder Knopf in der Stellung **„kalt“**, so ist die Klappe geschlossen und nur die kalte Luft vom Luftfilter her kann in den Vergaser einströmen. Wird der Hebel oder Knopf in Richtung **„warm“** betätigt, so öffnet die Klappe die Warmluftleitung zum Vergaser und schließt gleichzeitig die Kaltluftleitung vom Luftfilter zum Vergaser. Jetzt kann **nur vorgewärmte Luft in den Vergaser strömen, die jeden Eisansatz abtaut und Eisbildung unmöglich macht** (siehe Bild 9.13).

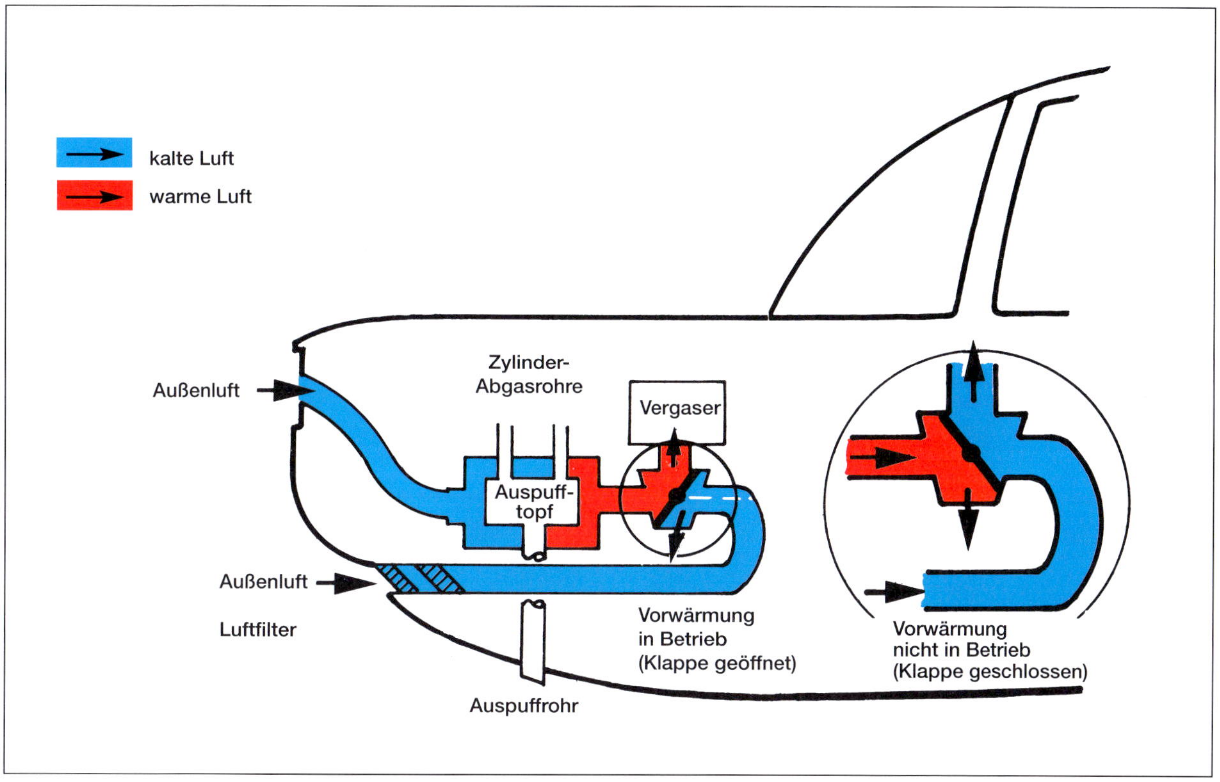

Bild 9.13 Die Vergaser-Vorwärmanlage (Schema)

Merke:

- **Vergaservereisung tritt weniger bei sehr kaltem Wetter (Temperaturen weit unter 0 °C) auf, sondern vorwiegend bei Temperaturen zwischen – 5 °C und +18 °C!**
- **Tritt im Flug Vergaservereisung auf, ziehe die Vorwärmung, ohne die Stellung des Gashebels zu verändern. Niemals pumpen!**
- **Starte nie, wenn beim Abbremsen das Betätigen der Vorwärmung nicht mindestens 100 U/min Drehzahlabfall ausmacht!**
- **Eine teilweise Einschaltung der Vorwärmanlage ist nur zu empfehlen, wenn unter Kontrolle eines Ansaugluftthermometers eine angezeigte Lufttemperatur von 15 °C oder mehr eingeregelt werden kann!**
- **Am Boden sollte die Vorwärmanlage nur zur Funktionskontrolle in Betrieb gesetzt werden, oder wenn der Motorlauf durch Vereisung beeinträchtigt ist!**
- **Schalte stets auf Vorwärmung vor dem Drosseln zum Gleitflug, bei starkem Dunst, in Wolkennähe, bei Regen oder hoher relativer Luftfeuchte, zweckmäßigerweise auch beim Überfliegen von Wald- und Seegebieten!**
- **Bei kurzen Platzrunden und den relativ kleinen Aufwärmzeiten des Motors sollte die Vorwärmung bereits im Gegenanflug querab zum Landezeichen betätigt werden!**
- **Bei feuchten Wetterlagen halte die Vergaservorwärmung bis zum effektiven Start gezogen, da sich sonst Feuchtigkeit im Vergaserraum ansetzen kann, die beim Start durch die plötzliche Beschleunigung der Luft zur Vereisung und somit zum Startabbruch wegen zu geringer Leistung oder zum totalen Leistungszusammenbruch führen kann!**

Achtung: Vergaservereisung macht sich bei Flugzeugen **mit starrer Luftschraube** durch **Drehzahlabfall** und **rauen Motorlauf** bemerkbar!

Bei Flugzeugen mit **Constant-Speed-Verstellpropeller** fällt bei Vergaservereisung **der Ladedruck** ab! Später tritt ebenfalls **rauer Motorlauf** auf!

Die Drehzahl ändert sich bei Flugzeugen mit Constant-Speed-Verstellpropeller nicht, da der Propeller-Regler (prop governor) bei Leistungsverlust die Blätter auf kleinere Steigung einstellt und so die Drehzahl konstant hält.

2. Einspritzsysteme

Kraftstoffeinspritzsysteme haben – verglichen mit Vergaseranlagen – zwei wesentliche Vorteile. Es besteht kaum die Möglichkeit einer Vereisung des Gemischaufbereitungssystems und für jeden Zylinder wird wohl dosiert und fein zerstäubt **genau die richtige Menge Kraftstoff** entweder **direkt in den Verbrennungsraum, in die Ansaugleitung** oder **vor die Einlassventilöffnung eingespritzt.**

In unseren Triebwerken für Leichtflugzeuge werden vor allem die beiden zuletzt genannten Einspritzarten (laufende Einspritzung in die Ansaugrohre oder eine der Zündfolge entsprechenden Einspritzung direkt vor das Einlassventil) angewendet.

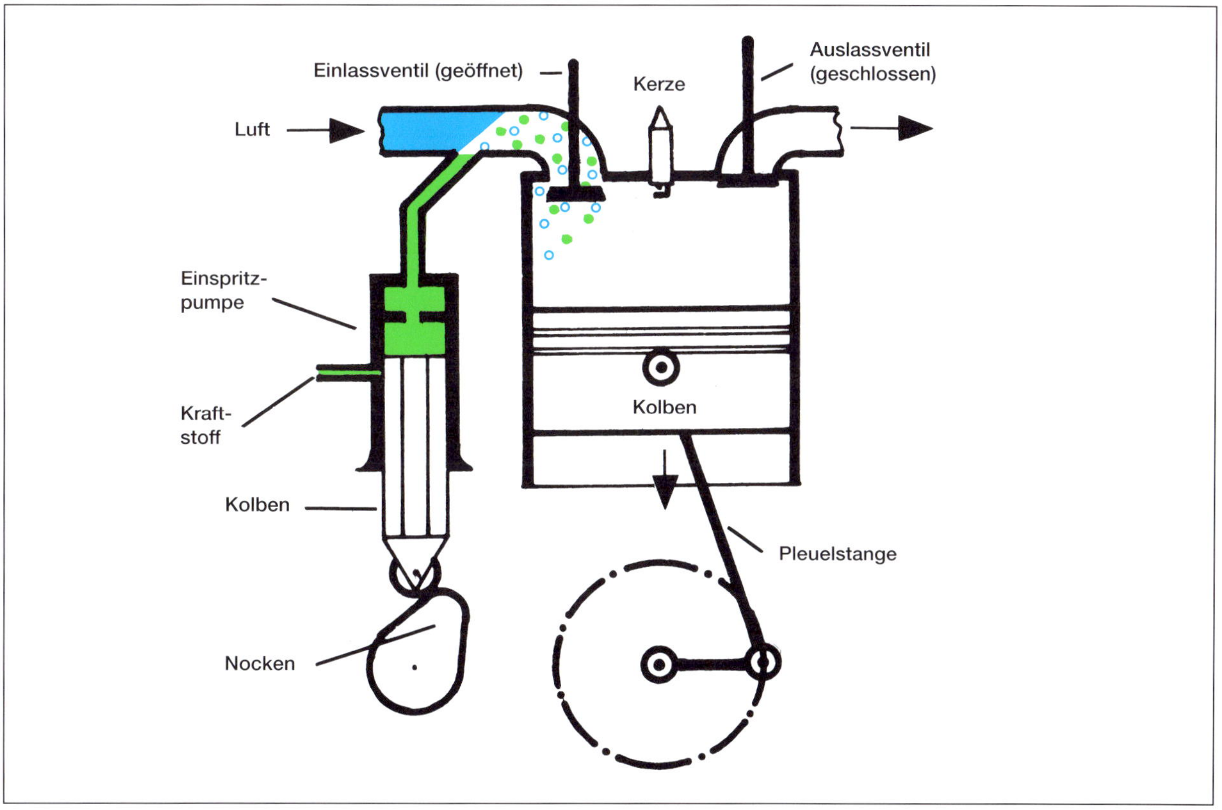

Bild 9.14 Prinzip der Kraftstoffeinspritzung

In vielen Flugzeugen mit Kraftstoffeinspritzung – es sind vorwiegend **Bendix RSA- oder Teledyne-Continental-Einspritzanlagen** – findet man einen Hebel oder Knopf mit der Bezeichnung **„Alternate Air“,** dessen Bedeutung auch erfahrenen Fliegern oft nicht ganz klar ist. Das Luftansaugsystem für Einspritzanlagen gleicht dem Ansaugsystem für Vergaseranlagen in vielen Punkten. Sollte während des Fluges einmal der Luftfilter bei Vereisungswetterlagen zufrieren, so wird das Triebwerk **nach Ziehen des Alternate-Air-Knopfes** mit Luft aus einem Zusatzsystem innerhalb der Motorverkleidung versorgt. Bei vielen Flugzeugen arbeitet dieses System automatisch.

9.8 Richtige Gemischregulierung mit dem Abgastemperatur-Anzeigegerät „EGT“ (EGT = Exhaust Gas Temperature Indicator) im Reiseflug

Über Jahrzehnte galt bezüglich der Gemischregulierung während des Fluges Folgendes: „Gemisch verarmen, bis der Motor rau läuft, dann wieder so weit anreichern, dass er rund läuft.“ Dies ist eine gute und einfache Faustregel für Kolbentriebwerke mit relativ geringer Leistung, jedoch ist sie für modernere Flugmotoren mit höherer Leistung nicht in jedem Fall anwendbar und sicher.

Wie wir schon wissen, erzeugt ein **Kraftstoff-Luft-Gemisch von 1:15 (chemisch richtiges Gemisch-CCM = chemical correct mixture)** während der Verbrennung im Zylinder die **größte Hitze.** Sowohl die Zylinderkopftemperatur als auch die **Abgastemperatur (engl.: exhaust gas temperature)** erreichen bei dieser Gemischeinstellung ihre **höchsten Werte**. Ist das **Mischungsverhältnis von Kraftstoff zu Luft größer als „CCM“** – also **reicher**, dann **sinkt die Abgastemperatur,** weil der **Sauerstoffanteil** im Gemisch **zu gering** ist (= schlechtere Verbrennung). Ein **ärmeres Gemisch als „CCM“** (kleiner als 1:15) bewirkt wegen des **zu geringen Kraftstoffanteils** auch eine schlechtere Verbrennung und die **Abgastemperatur sinkt** ebenfalls ab.

Um diese **Abgastemperaturunterschiede** für die **Gemischregulierung** heranziehen zu können, werden seit Mitte der 60er Jahre **Abgastemperatur-Anzeigegeräte** (engl.: **EGT** = **E**xhaust **G**as **T**emperature Indicator) für Flugzeug-Kolbentriebwerke verwendet. Eine **Bimetall-Temperatursonde** misst im Auspuffrohr des „heißesten“ (ärmsten) Zylinders die Temperatur der aus dem Auslassventil ausströmenden Abgase. Oft wird die **EGT-Sonde** auch in der **Zusammenführung der Auspuffrohre** mehrerer Zylinder installiert.

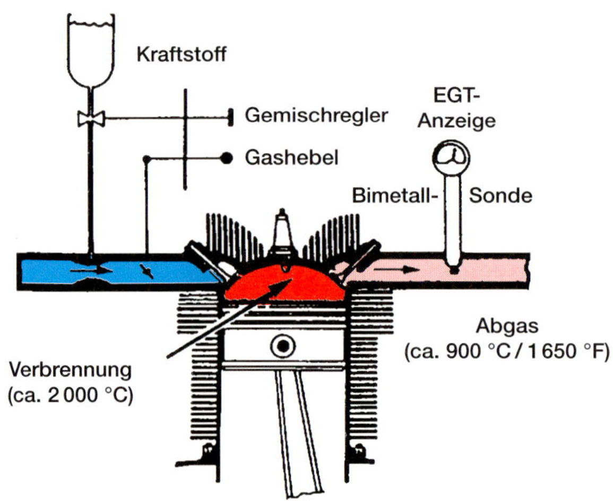

Bild 9.15 Prinzip der EGT-Messung (ALCOR)

Das **EGT-Anzeigegerät** (engl.: EGT indicator) zeigt nicht die tatsächliche Abgastemperatur an, sondern die Temperatur der Abgase bezüglich der maximal möglichen Temperatur (engl.: peak EGT).

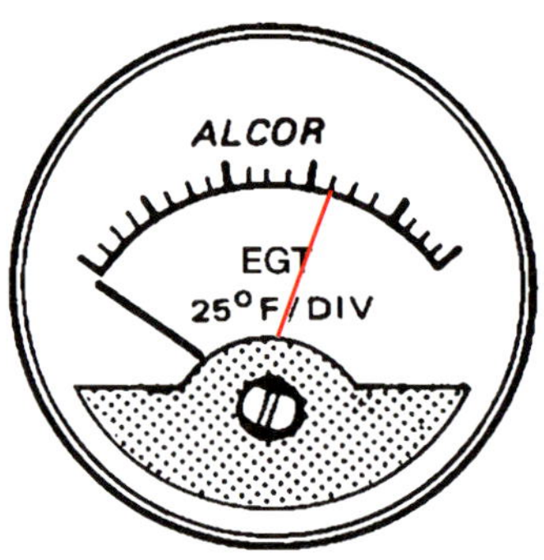

Bild 9.16 EGT-Anzeigegerät (ALCOR)

Da die **höchstmögliche Abgastemperatur** (engl.: peak EGT) bei verschiedenen Triebwerken und unterschiedlicher Installation der Temperatursonde zwischen **1 450 °F (790 °C)** und **1 650 °F (900 °C)** variieren kann, erstreckt sich der **Anzeigebereich** des Instruments von **1 200 °F (650 °C)** bis **1 700 °F (925 °C).**

Die **Gemischregulierung** mit dem EGT-Anzeigegerät wird dadurch stark vereinfacht, dass die **höchste Abgastemperatur** (engl.: peak EGT) – unabhängig von der Triebwerks-Leistung – **immer mit dem gleichen Gemischverhältnis Kraftstoff/Luft** erreicht wird – nämlich mit **CCM = 1:15!**

Das **Gemischregulierungsverfahren** nach **EGT-Anzeige** ist von den meisten Triebwerksherstellern **nur im Reiseflug** (engl.: cruise) mit Triebwerksleistungen zwischen **55 %** und **75 %** erlaubt. Dabei wird nach dem Übergang vom Steigflug (engl.: climb) in den Reiseflug (cruise) nach ca. 3 bis 5 Minuten – wenn sich alle Triebwerkstemperaturen stabilisiert haben – das **Gemisch langsam so weit verarmt,** bis die **Abgastemperatur** ihren **Spitzenwert** (engl.: **peak EGT)** erreicht (Bild 9.17).

Wird über diesen Punkt hinaus **weiter verarmt**, dann **sinkt** die **Abgastemperatur,** wie vorher schon beschrieben, durch den zu hohen Luftanteil (= Gemisch zu arm), das Triebwerk neigt zu **Fehlzündungen** (engl.: misfire) oder beginnt rau zu laufen (Bild 9.17).

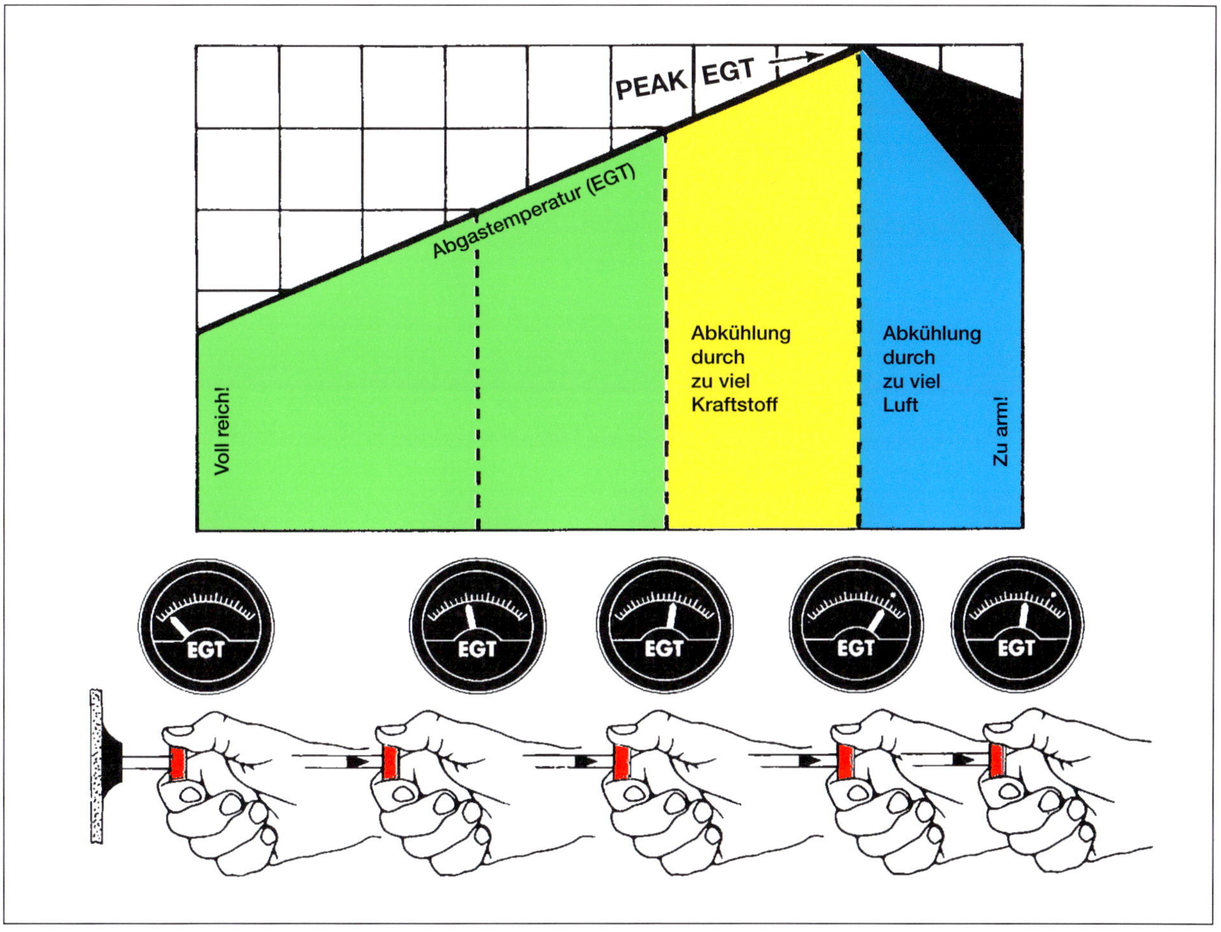

Bild 9.17 Gemischverarmung bis zur höchstmöglichen Abgastemperatur (peak EGT) und darüber hinaus (ALCOR)

Die meisten EGT-Anzeigegeräte haben neben dem eigentlichen Temperaturzeiger einen **zusätzlichen Bezugszeiger** (engl.: reference pointer), der **verstellbar** ist. Wenn die **höchstmögliche Abgastemperatur ermittelt** ist, wird der **Bezugszeiger** auf den **angezeigten Spitzenwert** (peak EGT) eingestellt. In Bild 9.17 und 9.18 ist dieser Spitzenwert (peak EGT) durch ein Sternchen (*) markiert!

Danach empfehlen fast alle Triebwerkhersteller, dass das **Gemisch wieder so weit** (etwas) **angereichert** wird, bis ein **Abgastemperatur-Abfall von 50 °F** eintritt, was auf den gängigen EGT-Anzeigegeräten **zwei Teilstrichen** entspricht (jeder Teilstrich = 25 °F – Bild 9.18)!

Das Gemisch wird also nach der Ermittlung des EGT-Spitzenwerts um **50 °F** auf die **„reiche Seite“** von **„peak EGT“** zurückgeführt.

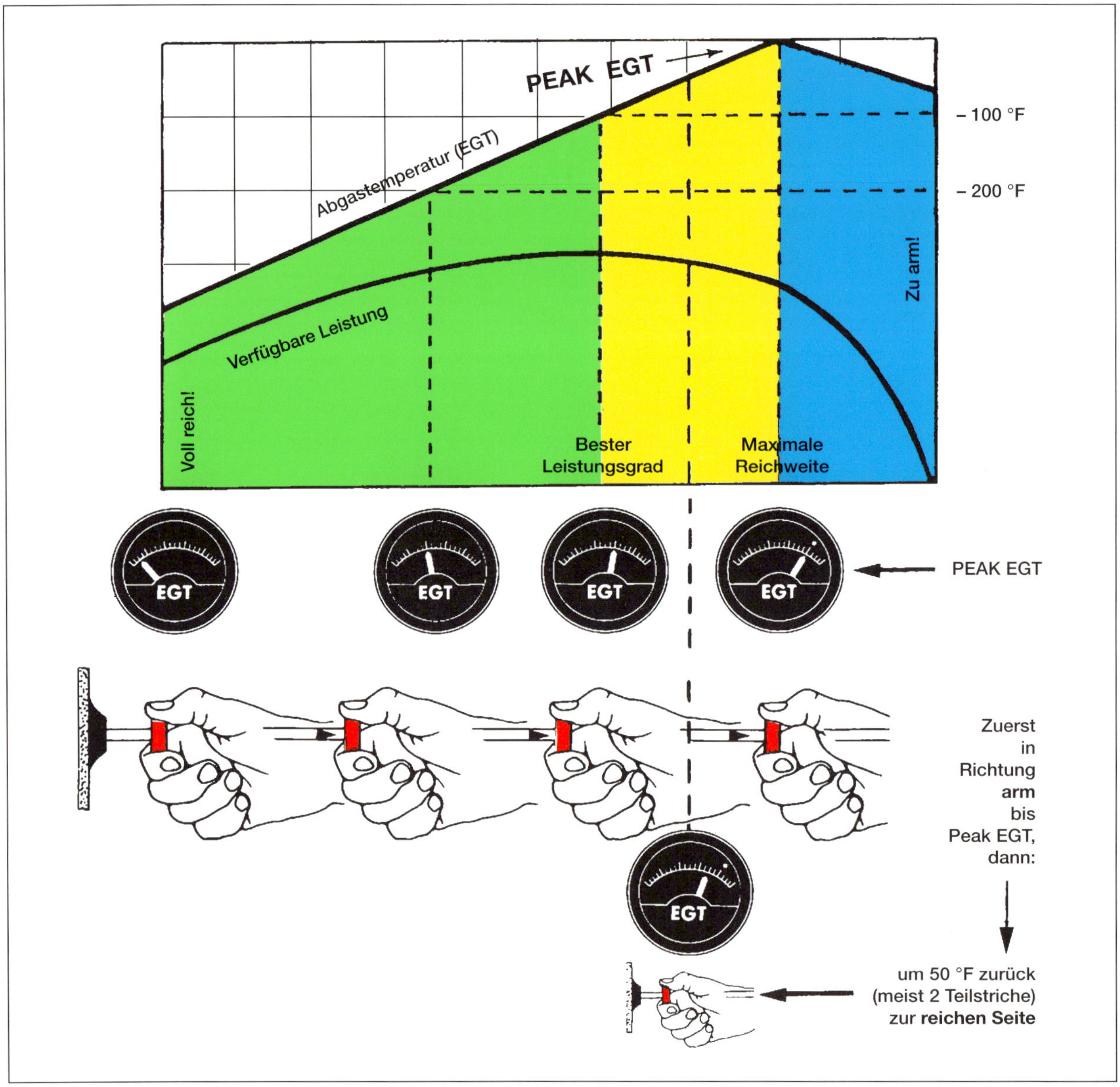

Bild 9.18 Sichere Gemischverarmung für den Reiseflug (50 °F auf der „reichen Seite“ von „peak EGT“)

Ist das Gemisch mit Hilfe des EGT-Anzeigegeräts so eingestellt, ergibt sich daraus eine **Verbrennungs- und Abgastemperatur,** die dem **Triebwerk** – auch bei Dauerbetrieb – **nicht schadet.** Der **Kraftstoffverbrauch** ist **sehr günstig**, die **Reichweite** des Flugzeugs ist **fast optimal** (größte Reichweite bei peak EGT) und der **beste Leistungsgrad** (best power) **des Triebwerks** wird **fast erreicht** (Bild 9.18).

Wichtig: Diese **sehr genaue Gemischregulierung** mit dem **EGT-Anzeigegerät** muss **nach jedem Höhenwechsel** und **jeder Veränderung der Triebwerksleistung** während des Reisefluges **erneut durchgeführt werden!**

Für **Start** und **Steigflug** mit hoher Triebwerksleistung (über 75 %) sind **Gemischregulierungen nach EGT-Anzeige** unbedingt zu **vermeiden!**

Ebenso raten wir bei der Anwendung **von Verarmungsverfahren nach EGT-Anzeige** zur weiteren Kraftstoffeinsparung (z.B. Betrieb mit „peak EGT"; Verarmung über „peak EGT" hinaus, bis die Abgastemperatur um 50 °F abfällt) zu **größter Vorsicht!**

Deshalb: Immer die **Betriebsvorschriften des Triebwerkherstellers** beachten!

9.9 Probleme mit AVGAS 100 LL (nach fsm 5/77, LBA)

Die Verwendung von **100 LL in Motoren,** die für Kraftstoffe mit der Mindestoktanzahl **80/87 zugelassen** sind, wirft einige Probleme auf, die in diesem Kapitel ausführlich behandelt werden. Außerdem finden Sie Hinweise, wie diesen Problemen zu begegnen ist.

Dass ein höheroktanzahliges Benzin Kolbenmotoren schaden soll, ist im ersten Moment verwunderlich, steht doch allgemein die größere Oktanzahl bedeutungsgleich mit besserer Qualität. Die weltweiten **Berichte über Schäden** an Flugzeugmotoren, die vor der Einführung von 100 LL mit 80/87 betrieben wurden, lösten dann auch ungläubiges Erstaunen aus.

Mittlerweile sind Umstände bekannt, unter denen eine **Schädigung** eintreten kann. Diese Umstände können durch **richtige Bedienung** der Triebwerksanlage **weitgehend vermieden** werden.

Die erste Art der auftretenden Schäden hängt mit der **höheren Klopffestigkeit von 100 LL gegenüber 80/87** zusammen und tritt bei **hoher Motorleistung** auf, wenn **zu stark verarmt** wird.

Während bei mehr als 75 %iger Motorleistung und bei Verwendung von 80/87-Kraftstoff die Leistungsausbeute durch die beim Verarmen relativ früh einsetzende klopfende Verbrennung begrenzt wird, kann man bei dem Betrieb mit 100-LL-Kraftstoff das Gemisch weiter abmagern. Eventuell setzt selbst bei Vollgas keine klopfende Verbrennung ein, sodass eine maximale Leistungsausbeute möglich wird. Da die hoch temperaturbelasteten Teile die dabei auftretende, weit über ihre Auslegung hinausgehende Wärmemenge nicht verkraften können, kommt es zu verschiedenartigen Ausfällen.

Einmal setzen Korrosion und Erosion bei den Übertemperaturen den Oberflächen sehr viel stärker zu. Ventilteller, Ventilsitze, Zündkerzenelektroden und Kolbenbodenrand sind besonders gefährdet. Zum anderen können Ölfilm tragende Teile, z.B. Kolbenringe und Ventilschäfte, so heiß werden, dass das Öl verkokt und die Teile festbrennen.

Als diese Schäden bekannt wurden, stellten die Motorenhersteller besser geschützte Ventile zur Verfügung oder vergrößerten durch Änderungen am Ventilsitz den Wärmetransport. Außerdem wurden Empfehlungen gegeben, die das Mindestspiel zwischen Auslassventilschäften und Ventilführungen betreffen.

Endgültig beseitigen lässt sich dieses Problem aber nur durch Vermeiden der entsprechenden Motorbetriebszustände.

1. Merkregel:

Bei Motorleistungen von 75 % bis 100 % stets mit vollreichem Gemisch fliegen!

Das Beachten dieser Merkregel bringt mehrere Vorteile:

a) Es tritt keine Leistungsüberlastung des Motors auf.

b) Der überschüssige Kraftstoff hat eine innere Kühlwirkung.

c) Die gefährliche klopfende Verbrennung wird vermieden. (Klopfende Verbrennung kann innerhalb sehr kurzer Zeit zu großen Schäden und totalem Triebwerksausfall führen!)

Somit wird das Auftreten der oben angeführten Schäden an heißen Motorteilen verhindert.

Keine Regel ohne Ausnahme:

Beim **Start und Steigflug** (mit mehr als 75 % Leistung) von **hoch gelegenen Flugplätzen** (geringere Luftdichte) kann **vollreiches Gemisch zu fett** sein, weshalb der Motor rau und mit verminderter Leistung läuft.

Dann magern Sie gerade so viel ab, bis der Motor wieder rund läuft, keinesfalls mehr!

Die zweite Art der auftretenden Schäden hängt mit der Zusammensetzung und dem chemischen Verhalten des Benzins zusammen.

Benzin ist kein reiner Stoff, sondern eine Mischung aus verschiedenen Kohlenwasserstoffen mit zum Teil sehr unterschiedlichem Verbrennungsverhalten. Die Zusammensetzung wird nach den gestellten Anforderungen entsprechend komponiert. Leider lassen sich auf diese Weise nicht ohne weiteres alle Forderungen erfüllen, sodass eigenschaftskorrigierende Zusätze notwendig werden.

In diesem Zusammenhang ist das **Antiklopfmittel Bleitetraäthyl** von besonderem Interesse. Die Höchstmenge dieser Bleiverbindung ist für jede Kraftstoffsorte in der Spezifikation festgelegt. Der äquivalente Bleihöchstgehalt betrug für **80/87-Benzin 0,14 Gramm pro Liter,** für **100/130-Benzin 0,84 Gramm pro Liter,** und er beträgt für **100 LL 0,56 Gramm pro Liter.** Bleitetraäthyl zerfällt unter dem Einfluss der hohen Temperatur im Zylinder zu mikroskopisch feinem Bleistaub, der als Katalysator klopfende Verbrennung verhindert. Danach wird das Blei zu Bleioxyd und anderen Verbindungen mit den Verbrennungsgasen umgewandelt. Um eine allmähliche „Bleivergiftung" des Verbrennungsraumes durch unkontrollierbare Ablagerungsvorgänge zu verhindern, fügt man dem Benzin eine gewisse Menge Äthylendibromid hinzu, das sich mit dem Blei zu gasförmigem Bleibromid verbindet. Letzteres wird mit den Verbrennungsabgasen ausgeschoben.

Leider funktioniert dieses Verfahren nicht hundertprozentig, sodass immer ein kleiner Rest von Bleiverbindungen im Verbrennungsraum zurückbleibt. Ablagerungen am Kolben, den Zylinderwänden und Zündkerzenisolatoren, korrosive Angriffe auf Ventilsitze und Kerzenelektroden sowie Verschmutzung des Ölfilms sind die Folge. Die Ablagerungen können mit der Zeit zu klopfender Verbrennung infolge Brennraumverengung und Glühzündung und zu Ausfällen der Zündkerzen infolge Kurzschluss der Elektroden führen. Bei normalem Betrieb reinigt sich der Brennraum durch Abblättern der Ablagerungen infolge der gravierenden Temperaturwechsel selbst, sodass in der Hauptsache die Zündkerzen betroffen bleiben.

Prinzipiell steigt die Menge der im Brennraum verbleibenden Bleiverbindungen mit steigendem Bleitetraäthyl-Durchsatz. Also: 100 LL hinterlässt mehr Bleiverbindungen als 80/87, aber 100/130 hinterlässt wiederum mehr als 100 LL. Andererseits hinterlässt vollreiches Gemisch viel mehr bleihaltige Ablagerungen als richtig verarmtes Gemisch. **Da nur noch die Kraftstoffsorte 100 LL erhältlich ist, kann der Luftfahrzeugführer ausschließlich über die Gemischeinstellung auf die Ablagerungen Einfluss nehmen.**

Das führt zu der 2. Merkregel:

Wann immer nach Flughandbuch und sonstigen Betriebsunterlagen zulässig: mit abgemagertem Gemisch fliegen!

In Verbindung mit der ersten Merkregel sind hierzu noch zwei Gesichtspunkte erwähnenswert. Zum einen können die Bauteile des Motors die Wärmeentwicklung bei Leistungen unter 75 % ohne Schaden verkraften, zum anderen tritt bei vielen Motoren bei diesen geringen Leistungen keine klopfende Verbrennung auf, selbst wenn sie bis kurz vor Beginn von Zündaussetzern abmagern. Trotzdem sollten Sie, wenn Ihnen **kein Abgastemperatur-Anzeigegerät (EGT-Gerät)** zur Verfügung steht, nur mit so weit abgemagertem Gemisch fliegen, dass bei Motoren mit festem Propeller bei gegebener Gasstellung die maximale Drehzahl und bei Motoren mit Constant-Speed-Verstellpropellern bei gesetztem Ladedruck und gesetzter Drehzahl die maximale Geschwindigkeit angezeigt wird. Da diese Empfehlung bei den bei uns vorherrschenden turbulenten Wetterverhältnissen im unteren Luftraum nur schwer einzuhalten ist (maximale Drehzahl und maximale Geschwindigkeit liegen nur ca. eine Zeigerbreite über den Werten für vollreiches Gemisch), ist der **Einbau eines EGT-Messgerätes zu empfehlen,** um anhand der **Abgastemperatur** das **richtige Gemisch** besser einstellen zu können.

Ein **weiteres Problem** ist zu beachten: Aufgrund des Stoßspiels zwischen Kolbenring und Ringnut im Kolben strömt während des Motorlaufs immer eine kleine Menge unverbrannten Gemisches in das Kurbelgehäuse. Im Schmieröl reichert sich bei geringen Motortemperaturen Kraftstoff an. Bei Betriebstemperaturen verdunsten die leicht flüchtigen Benzinkomponenten sehr schnell und werden über die Kurbelgehäuseentlüftung ausgeschieden. Die zurückbleibenden Komponenten führen zu der so genannten **Kaltschlammbildung** (durch Untersuchung mit der C14-Methode weiß man heute, dass ca. 95 % des Kaltschlamms aus Kraftstoffkomponenten aufgebaut ist). **Kaltschlamm** wird an heißen Teilen zu einem **ölunlöslichen lackartigen Belag** umgewandelt, der die **Bewegungsfreiheit einschränkt** und schließlich zu **festsitzenden Kolbenringen** und zu **Ventilsteckern** führen kann.

Mit seinem Siedepunkt von ca. 200 °C verdunstet das Bleitetraäthyl nur sehr langsam und gelangt so mit dem Schmieröl an alle ölfilmtragenden Problemzonen mit hoher Temperatur. Dort zerfällt es wie im Brennraum und beeinträchtigt die Schmierfähigkeit des Öls durch metallische Bleipartikel.

Die heutzutage fast ausnahmslos verwendeten, **aschelos legierten Flugmotorenöle** besitzen eine sehr gute Dispergierfähigkeit, d. h. **Verunreinigungen werden in der Schwebe gehalten** und können sich so nicht ablagern. Deshalb entstehen Beeinträchtigungen des Triebwerks nur an thermisch überbelasteten bzw. hoch belasteten Bauteilen. Gleichwohl kann eine entsprechende Gefährdung auch dadurch gemindert werden, dass die Menge der ölfremden Schwebstoffe – hier Kaltschlammpartikel und Blei – so klein wie möglich gehalten wird.

Eine **Verminderung der Schwebstoffmenge im Öl** lässt sich erreichen durch:

- **hohe Drehzahlen** (mit zunehmender Kolbenhubfrequenz nimmt die Menge der Durchblasegase ab. Die im Schmierfilm gelösten Kraftstoffanteile haben nicht so viel Zeit, sich in Kaltschlamm umzuwandeln);
- **mageres Gemisch** (die Menge des im Durchblasegas vorhandenen Kraftstoffs nimmt ab);
- **richtige Betriebstemperatur des Motors** (Kaltschlammbildung setzt vorwiegend bei zu geringen Betriebstemperaturen ein);
- **Vermeiden von Stoßbetrieb, z. B. Platzrunden mit Leerlauflandungen** (beim Stoßbetrieb wird erheblich mehr Kaltschlamm gebildet als bei kontinuierlicher Triebwerksleistung).

Das führt zu der 3. Merkregel:

Vermeide möglichst Betriebszustände mit Drehzahlen unter 1500 U/min, fettem Gemisch oder Leerlaufleistung!

Das Beachten der dritten Merkregel hält auch die **Zündkerzen im günstigsten Temperaturbereich**, sodass es durch den **Selbstreinigungseffekt** zu weniger Ablagerungen am Kerzenisolator kommt.

Geringe Drehzahlen und damit fettes Gemisch vor dem Abstellen des Luftfahrzeugs sind kaum zu vermeiden. Lassen Sie darum das **Triebwerk vor dem Abstellen ca. 60 Sekunden mit 1200 U/min (RPM) laufen** und geben Sie ihm dadurch Gelegenheit zur **Selbstreinigung.**

Eine weitere Maßnahme zur Verminderung von entsprechenden Ablagerungen ist die **optimale Leerlaufgemischeinstellung**. Kolbenmotoren brauchen im Leerlauf ein sehr fettes Gemisch, das sich aber in weiten Grenzen einstellen lässt. Sie sollten das Leerlaufgemisch bei Ihrem luftfahrttechnischen Betrieb (LTB) so mager einstellen lassen, dass das Triebwerk bei der vorgeschriebenen Leerlaufdrehzahl gerade noch rund läuft.

Fasst man die Ausführungen bis hierher zusammen, kann man die Leistungsspanne des Kolbenmotors in drei Bereiche unterteilen:

1. **Bereich: Leerlauf bis ca. 50 % Motorleistung**

   Motor läuft mit zu geringer Betriebstemperatur, evtl. mit zu geringer Drehzahl und mit zu reichem Gemisch. Die Folge sind Kaltschlammbildung und gefährliche bleihaltige Ablagerungen.

   Empfehlung: Betriebsbereich vermeiden!

   Wenn das nicht möglich ist, die höchste vertretbare Leistung einstellen und das Gemisch wie im zweiten Betriebsbereich abmagern.

   Ausnahme: Im Landeanflug vollreiches Gemisch einstellen, um für den Durchstartfall gerüstet zu sein.

2. **Bereich: Ca. 50 % bis unter 75 % Motorleistung**

   Gemisch immer abmagern, bei Festpropeller bis zur max. Drehzahl und – was recht theoretisch ist – bei Constant-Speed-Propeller bis zur max. Geschwindigkeit (mit einem EGT-Messgerät stellen Sie die entsprechenden Werte gemäß den dazugehörigen Unterlagen ein). Das Triebwerk läuft sparsam und in einem günstigen Temperaturbereich. Geringe Tendenz zu Ablagerungen, keine thermische Überlastung, maximaler Selbstreinigungseffekt der Zündkerzen.

   Empfehlung: Diesen Bereich wählen, wann immer vertretbar!

   Achtung: Vor jeder Leistungserhöhung vollreiches Gemisch einstellen!

3. **Bereich: 75 % bis 100 % Motorleistung**

   Nur vollreiches Gemisch einstellen! Der überschüssige Kraftstoff ist für die interne Kühlung erforderlich. Durch Verarmen besteht die Gefahr der Überhitzung und von klopfender Verbrennung. Das vollreiche Gemisch führt aber auch zu größeren Ablagerungsraten und zu unnötig hohem Kraftstoffverbrauch.

   Empfehlung: Nur für den Start und zum Steigflug auf Platzrundenhöhe benutzen!

Wir wollen dieses Thema nicht abschließen, ohne zwei wichtige Hinweise zu geben: Allen Empfehlungen ist nur insoweit nachzukommen, als sie nicht im Widerspruch zu den vom Luftfahrzeughersteller bzw. vom Motorenhersteller erstellten Betriebsunterlagen stehen!

Sie werden aber feststellen, dass die Empfehlungen für fast alle Luftfahrzeuge mit Kolbenmotorantrieb anwendbar sind (auch für die, deren Motoren mit Kraftstoff der Mindestoktanzahl 91/96 und 100/130 zu betreiben sind).

Der zweite Hinweis wurde bereits im Anschluss an die zweite Merkregel angeschnitten und soll hier noch einmal verdeutlicht werden:

Das **einzige Anzeigegerät,** das die **tatsächlichen Verhältnisse** bezüglich **Gemischeinstellung,** Leistungsausbeute, Verbrennungsverhalten und Temperaturbelastung des Triebwerkes praktisch verzögerungsfrei und mit der nötigen Genauigkeit wiedergibt, ist das **Abgastemperaturanzeigegerät (EGT).** Sein Einbau ist darum sehr zu empfehlen (vgl. hierzu Abschnitt 9.8!).

Mit einem **EGT-Gerät** können Sie die **Gemischeinstellung optimal** durchführen. Luftfahrzeug- und Motorenhersteller geben in den Betriebsunterlagen genaue Hinweise. Mit den dort aufgeführten Werten können Sie noch ökonomischer fliegen, was, wie bereits dargelegt, auch noch weniger Ablagerungen im Brennraum und im Schmieröl bei unverminderter Sicherheit gegenüber Überlastung und Überhitzung bedeutet.

Leider ist der **Einbau der EGT-Sonde in die Auspuffanlage,** insbesondere bei Vergasermotoren, recht kritisch. Das hängt mit den verschiedenen Füllungsgraden der einzelnen Zylinder bei unterschiedlicher Drosselklappenstellung zusammen. Lassen Sie sich das EGT-Gerät deshalb nur bei einem für Ihr Luftfahrzeugmuster zugelassenen **Luftfahrttechnischen Betrieb (LTB)** in Übereinstimmung mit den Einbauanweisungen des Luftfahrzeugherstellers unter Berücksichtigung der Hinweise des EGT-Geräte-Herstellers einbauen.

Nicht immer wird es möglich sein, die flugbetrieblichen Empfehlungen konsequent zu befolgen. So bedeuten hintereinander geflogene Platzrunden mit Anflügen mit mehr als Leerlaufleistung für den Motor Stoßbetrieb mit allen möglichen negativen Folgen.

Die Motorenhersteller haben für diese Fälle spezielle Empfehlungen erarbeitet, die kürzere Intervalle für Ölwechsel und Zündkerzenreinigung sowie den Hinweis auf Verwendung von Zündkerzen mit einem anderen Wärmewert enthalten. Lassen Sie sich von Ihrem LTB (Luftfahrttechnischen Betrieb) beraten!

9.10 Das Bordnetz

Das Bordnetz besteht aus **vier Hauptteilen:**

- die Spannungsquellen,
- die Stromverteilung,
- die Stromüberwachung,
- die Stromverbraucher.

9.10.1 Die Spannungsquellen

Spannungsquellen sind:

- Batterien/Akkumulatoren,
- Generatoren,
- Hilfsaggregate (**APU** = **A**uxiliary **P**ower **U**nits),
- Bodenstromaggregate (**EP** = **E**xternal **P**ower).

9.10.1.1 Batterien/Akkumulatoren

Der **Akkumulator**, wie er im Luftfahrzeug verwendet wird, ist eine **Sekundärbatterie**, die durch Speichern elektrischer Energie als chemische Energie elektrische Ladung sammelt. Man unterscheidet zwischen Bleiakkumulator und Stahlakkumulator (Nickel-Eisen- und Nickel-Kadmium-Akkumulator).

Bleiakkumulatoren sind bei gleicher Kapazität leichter und billiger als **Stahlakkumulatoren.** Die Stahlakkumulatoren haben folgende Vorteile:
a) eine vollkommene Entladung ist unschädlich,
b) sie sind unempfindlich gegen raue Behandlung und gegen Frost.

Als **Kapazität** des Akkumulators bezeichnet man das Produkt aus der zulässigen zu entnehmenden Dauerstromstärke A (A = Ampere) und der zulässigen Entnahmezeit in Stunden (h).

Kapazität des Akkumulators = Amperestunden (Ah).

Akkumulatoren können parallel oder hintereinander geschaltet werden.

Bei **Parallelschaltung** gilt: Akkumulatoren gleicher Spannung addieren ihre Kapazitäten, die Spannung bleibt gleich. Die zugelassene Stromstärke der Akkuschaltung ist die des Akkumulators mit der geringsten Stromstärke.

Bei **Hintereinanderschaltung** gilt: Akkumulatoren unterschiedlicher Spannung addieren ihre Spannung. Die Kapazität, welche die gesamte Schaltung hier erbringt, ist die kleinste der hintereinander geschalteten Kapazitäten. Bei der Hintereinanderschaltung kann die Summe der zugelassenen Einzelstromstärken entnommen werden.

Akkumulatoren **ungleicher Spannung** zerstören sich gegenseitig. Die elektrische Stromversorgung eines Luftfahrzeugs erfolgt über zwei Systeme, nämlich über den **Generator** (Alternator) und die **Batterie.**

Batterien in Kleinflugzeugen haben sehr häufig eine **Spannung** von 24 V und eine **Kapazität** zwischen 15 und 22 Ah. Der Batteriezustand ist nach Herstelleranweisung (Betriebshandbuch) zu überprüfen, z. B. alle 25 Flugstunden oder alle 30 Tage (Batteriesäurestand, Kontakte und Stecker auf Korrosion prüfen, eventuell destilliertes Wasser nachfüllen).

Das **spezifische Gewicht** der Batterieflüssigkeit muss 1.275 g/ccm betragen. Die Batterie muss nachgeladen werden, wenn das spezifische Gewicht 1.240 g/ccm oder weniger beträgt. Das Nachladen kann mit 4 A beginnen und soll mit 2 A beendet werden. Die **Temperatur** der Batterie darf beim Aufladen 49 °C nicht überschreiten. Die Batterie immer voll aufgeladen halten, damit sie bei kalten Wetter nicht einfriert und die Lebensdauer nicht verkürzt wird.

Sollte Korrosion festgestellt werden, muss der Batteriebehälter mit einer Lösung aus Natriumkarbonat und Wasser gespült werden. Außerdem muss sichergestellt werden, dass die Überlaufleitungen nicht verstopft sind.

Wenn ein Ladegerät oder eine Zusatzbatterie angeschlossen wird, ist auf **richtige Polarität** zu achten, da Spannungsregler und Generator polaritätsabhängig arbeiten. Außerdem darf nicht mit einer Außenstromquelle gestartet werden, wenn die Batterie völlig entladen ist, denn sie kann die schnelle Ladung durch den Generator nicht vertragen und es könnte zu einem Ausfall des elektrischen Systems kommen. Eine entladene Batterie zeigt sich in hoher Generatorleistung bei geringer Belastung.

9.10.1.2 Der Generator

Das Prinzip des **Gleichstromgenerators** ist, wenn in einem Leiter, der magnetische Kraftlinien „schneidet", die positiven und negativen Ladungen getrennt werden. Es entsteht also eine Spannung. Der Leiter wird senkrecht zu den Kraftlinien eines Magnetfeldes bewegt.

Die Höhe der Induktionsspannung hängt von der **Anzahl der magnetischen Kraftlinien** ab, die je Sekunde „geschnitten" werden. Man kann die **Spannung** entweder **durch Verstärkung des Feldes** (dichtere Kraftlinien) **erhöhen** oder durch **Vergrößerung der Bewegungsgeschwindigkeit des Leiters**, d. h. die vom Gleichstromgenerator gelieferte **Spannung steigt mit der Drehzahl.**

Zur Gleichstromerzeugung wird in modernen Flugzeugen ein „**Alternator**", also ein so genannter Gleichrichtergenerator bzw. eine Drehstrommaschine eingesetzt. Die erzeugte Wechselspannung wird in der Drehstrommaschine gleichgerichtet und als Gleichspannung an das Gleichstromnetz geliefert. Der Alternator ist eine Innenpolmaschine, deren Rotor von der Batterie her mit Gleichstrom erregt wird. Da dieser Generator bei Erhöhung der Drehzahl einen enormen Spannungsanstieg hat und die Nennspannung schon bei Triebwerksleerlauf erreicht wird, muss die **Batterie** als Grundlast in der Anlage geschaltet bleiben. Die Wechselspannung, die in den Motorwicklungen induziert wird, wird anschließend in einem Gleichrichter mit Brückenschaltung gleichgerichtet und versorgt das Netz.

Der **Alternator** wird auch als **Drehstromlichtmaschine** bezeichnet, obwohl er **Gleichstrom** liefert. Ein oder zwei Gleichstromgeneratoren stellen im Flugzeug die Stromversorgung sicher (28 Volt, 50–100 A).

Wenn **ein zweiter Generator** eingebaut ist, ist er parallel zum ersten Generator geschaltet und versorgt die Hauptverteilerschiene. Der zweite Generator deckt wegen seiner höheren Drehzahl die **Hauptlast** ab. Erst bei höherer Belastung wird Generator Nr. 1 zugeschaltet, um einen Teil der Belastung zu übernehmen.

Je nach Ausstattung des Flugzeugs werden auf Anzeigeinstrumenten **Belastung und Leistung** in Prozent und die **Spannung** in Volt auf getrennten Skalen angezeigt. Fällt ein Generator oder Spannungsregler aus, sinkt die Leistung auf Null-Prozent (0 %).

Die Spannung im Bordnetz wird meistens mit einem volltransistorierten **Spannungsregler** gesteuert, der die Leistung des oder der Generatoren der momentanen Belastung anpasst und **die Spannung konstant auf 28 Volt hält**. Wird die Spannung überschritten, leuchtet z. B. eine Warnlampe auf, bei Unterschreiten der Spannung blinkt sie (vgl. Flughandbuch).

Die Regelung der Spannung erfolgt bei bestimmten Generatoren durch einen Regelwiderstand, durch den die Erregerspannung und damit die Stärke des Magnetfeldes beeinflusst wird. Von einem **Spannungsregler** spricht man, sobald der Regelwiderstand **automatisch**, abhängig von der Spannungsabweichung durch die Belastung in einem Generator, **geregelt wird**.

Im Flugzeug dient der mit „**ALT**" oder „**GEN**" bezeichnete elektrische Schalter der Ab- bzw. Zuschaltung des Generators. **Fällt der Generator während des Fluges aus,** arbeitet der Motor normal weiter. Elektrisch betätigte **Landeklappen können bei Ausfall des Generators noch ausgefahren werden, sofern die Batterie noch normal geladen ist.**

9.10.1.3 Das Hilfsaggregat

Das Hilfsaggregat, auch **APU** (**A**uxiliary **P**ower **U**nit) genannt, ist bei vielen Großflugzeugen eingebaut (Zusatzturbine).

9.10.1.4 Die Bodenstromquelle

Manche Flugzeuge haben einen **Außenbordstromanschluss,** um mit Hilfe einer Bodenstromquelle (Außenbordbatterie) bei nicht ausreichender Kapazität der Bordbatterie die Triebwerke anlassen zu können oder um die Batterie zu schonen. Vor einem Anschluss einer **Außenbordbatterie** müssen der **Batterieschalter ein**- und der **Generator und die Funkgeräte ausgeschaltet** sein. Es ist ein Außenbordanschluss mit Minus an der Masse notwendig. Wenn die Polarität nicht stimmt, schließt das Relais nicht und verhindert eine Stromzufuhr zum Bordnetz.

9.10.2 Die Stromverteilung

Die Stromverteilung erfolgt über

- Stromleitungen,
- Sammelschiene (bus),
- Schalter (switch),
- Sicherungen (fuses),
- Relais (relays).

Um den von den Generatoren oder von der Batterie kommenden **Strom** in allen Stromkreisen **schnell abschalten zu können**, sind die von den Spannungsquellen kommenden Speiseleitungen mit **Hauptschaltern** versehen, die über **Relais** bedient werden.

Die **Hauptverteilerschiene oder Primärsammelschiene** ist eine Kupferschiene in einem Verteilerkasten (Sammelkasten). Von der Hauptsammelschiene führen Leitungen zu den **Betätigungs- und Steuerschaltern** in der Flugzeugkanzel und von dort aus zu den verschiedenen elektrischen Einrichtungen. Die Schraubklemmen auf dieser Schiene sind in der Regel mit **Sicherungen** verbunden, von denen aus die Leitungen zur Flugzeugkanzel führen.

Neben der Primärsammelschiene können noch weitere **Zusatzschienen** vorhanden sein. Diese dienen dazu, die elektrische Energie **besonderen Gerätegruppen** zuzuführen. Man vermeidet damit die vielen langen Leitungen, die von der Hauptsammelschiene zu jedem einzelnen Gerät gelegt werden müssten. Gewöhnlich ist neben der **Primärsammelschiene** noch eine **Sekundärsammelschiene** und eine **Batterieschiene** vorhanden.

Primärsammelschiene:

Energieversorgung:
a) Über das Rückstromrelais (RR) **vom Generator** bei laufendem Triebwerk.
b) Über das Batterierelais (BR) **von der Batterie**, wenn das Triebwerk stillsteht.
c) **Vom Außenbordanschluss** (External Power), wenn das Triebwerk stillsteht und die Batterie geschont oder geladen werden soll.

Energieabgabe: **An alle Instrumente und Einrichtungen, die für den Flug unbedingt erforderlich sind.**

Sekundärschiene:

Energieversorgung:
a) Über ein Kupplungssteuerrelais (KSR) **von der Primärsammelschiene** (d. h. vom Generator).
b) Über ein zweites Kupplungsrelais (KR) **vom Außenbordanschluss.**

Energieabgabe: Nur an Instrumente und Einrichtungen, die **für den Flug nicht wichtig** sind.
Beim Versagen des Generators wird die Sekundärschiene durch die Kupplungsrelais vom elektrischen Bordnetz getrennt, um jeden vermeidbaren Energieverbrauch – der in diesem Falle von der Batterie kommen müsste – unmöglich zu machen.

Batterieschiene:

Energieversorgung:
a) Über die Primärschiene und das Batterierelais (BR) **vom Generator.**
b) Über die Primärschiene und das Batterierelais (BR) **von der Außenbordanlage.**

Energieabgabe: Nur an **Sicherheitseinrichtungen, die im Notfall betätigt werden müssen** (Schleudersitz und dgl.)

Um elektrische Geräte vor Überlastung (zu große Stromstärke über eine zu lange Zeit) zu schützen, werden in den betreffenden Stromkreis **elektrische Sicherungen** eingebaut. Sie unterbrechen den Stromkreis ehe das zu sichernde Gerät Schaden nehmen kann. Man unterscheidet **Schmelzsicherungen (fuses)** und **Schutzschalter (circuit breakers)**.

Es gibt **schnelle** und **träge** Sicherungen. Die **schnellen** Sicherungen schmelzen sofort beim Erreichen der zugelassenen Stromstärken. Die **trägen Sicherungen** schmelzen erst nach einer vorherbestimmten Zeit (z. B. 5 Sekunden). Ist die Stromüberlastung kürzer als die Abschmelzzeit der Sicherung, dann brennt die träge Sicherung nicht durch.

Sicherungsautomaten schmelzen nicht durch, sondern unterbrechen den Stromkreis bei Überschreitung der zulässigen Stromstärke mittels:

a) eines **Elektromagneten**, der vom Hauptstromkreis gesteuert wird und der einen Schalter betätigt, der den **Stromkreis unterbricht**,
b) eines **Thermoelements** mit einem Bimetallstreifen, das eine Sperrung freigibt, sodass ein **Schnappschalter den Stromkreis unterbricht,**
c) eines Bimetallauslösers, kombiniert mit einem Elektromagneten.

Der Vorteil der **Sicherungsautomaten** ist, dass keine Sicherung ausgewechselt werden muss. Nach Beheben der Ursache des Überstroms wird die Sicherung durch **Knopfdruck wieder zugeschaltet**.

Die **Schalter** (switches) dienen zum **Schließen, Öffnen oder Wechseln eines Stromkreises**. Nach der Bauart unterscheidet man Messerschalter, Drehschalter, Kippschalter, Druckknopfschalter und Druckschalter.

Relais sind elektromagnetisch betätigte **Schalter**, mit denen man durch schwache Steuerströme diverse Arbeitsströme steuern kann. Relais gibt es in den verschiedensten Ausführungsformen. Die am häufigsten vorkommenden Typen sind Relais mit Federpaket und Relais mit Kontaktbrücke.

Im **Bordnetz** sind die nachfolgend genannten Relais von besonderer Wichtigkeit:

- **Außenbordanschlussrelais** (**EPR** – **E**xternal **P**ower **R**elay): Bei Betätigung eines Druckknopfes oder Kippschalters schaltet das Relais die Sammelschiene von der Batterie ab und an die Außenbordsteckdose an (Flug-Boden-Umschalter).
- **Batterierelais** (**BR** – **B**attery **R**elay): Bei Stillstand des Triebwerks schaltet das Batterierelais die Primärsammelschiene an die Batterie.
- **Überspannungsrelais** (**OVR** – **O**ver**v**oltage **R**elay): Es hat die Aufgabe, die Generatoranlage – in Verbindung mit dem Feldkontrollrelais – vor Überspannung zu schützen.
- **Feldkontrollrelais** (**GR** – **G**enerator Field **R**elay): Es unterbricht in Verbindung mit dem **OVR** die Generatoranlage, um sämtliche Verbraucher vor Überspannung zu schützen.
- **Rückstromrelais** (**RCR** – **R**everse **C**urrent **R**elay): Es stellt über die Hauptsammelschiene die Verbindung zwischen dem Generator und der Batterie her. Es unterbricht die Verbindung, wenn die Generatorspannung aus irgendeinem Grund (z. B. Drehzahlabfall) unter die Batteriespannung absinkt. In diesem Fall würde Rückstrom von der Batterie in den Generator fließen, der dann als Motor läuft und die Batterie entladen würde.
- **Starterrelais** (**SR** – **S**tarter **S**olenoid): Bei Betätigung des Anlassschalters spricht das Starterrelais an und bringt den Anlassmotor in Gang.

9.10.3 Die Stromüberwachung

Die am häufigsten im Flugzeug verwendeten elektrischen **Messinstrumente** messen Strom- oder Spannungswerte.

Das **Amperemeter misst die Stromstärke** und ist in vielen Flugzeugen so geschaltet, dass es den Batteriestrom anzeigt (Laden: + und Entladen: –). In allen Fällen, in denen es nicht nötig ist, die genaue Stromstärke oder Spannung festzustellen, sondern wo es ausreicht, zu wissen, ob Strom oder Spannung vorhanden oder der zulässige Wert überschritten ist, sorgt ein **Relais** dafür, dass eine **Anzeige- oder Warnlampe aufleuchtet**. **Kontroll- und Anzeigelampen** gibt es z. B. als

- **Ladekontrolllampe** (loading indicator),
- **Überspannungslampe** (overvoltage warning light),
- **Generatorlampe** (generator working lamp) sowie
- verschiedene andere Warnlampen.

9.10.4 Die Stromverbraucher

Folgende Stromverbraucher gibt es in Flugzeugen:

- Glühlampen (z. T. von der Besatzung auswechselbar),
- Leuchtstofflampen,
- Außenbeleuchtung (Navigationslichter, Eislicht),
- Innenbeleuchtung (Kabinen-, Cockpit-, Instrumentenbeleuchtung),
- Raumheizung,
- Instrumentenheizung (z. B. Staurohr),
- Cockpitscheibenenteisung,
- Propellerenteisung,
- Elektromotoren (z. B. Generator, Alternator, Klappenmotor),
- elektrische Bordinstrumente,
- Funkanlagen,
- Fernübertragungsanlagen.

9.10.4.1 Der Startergenerator

Der Startergenerator (Anlasser oder Dynastarter) dient zum Anlassen des Triebwerks. Da ein Alternator beim Verbinden mit der Batterie nicht als Motor laufen kann, kann er auch nicht wie ein Gleichstrommotor direkt zum Anlassen verwendet werden. Der **Startergenerator** ist ein **Nebenschlussgenerator**, der gleichzeitig als **Anlassmotor** verwendet wird. Aus diesem Grund erhält er eine zusätzliche Hauptschlusswicklung. Bestätigt man den Anlassschalter, dann spricht der Anlasssteuerschalter an und leitet den Strom von der Sammelschiene zum Motorrelais, das seinerseits anspricht (der Anlassunterbrecherschalter ist in der Regel geschlossen) und über die Reihenspule eine Verbindung bis zum Schaltkontakt des Anlassrelais herstellt. Gleichzeitig erhält die Spule des Anlassrelais Strom (von der Batterie über den Schalterkontakt des Motorrelais, über die Reihenspule, dann über den Anlasssteuerschalter), sodass das Anlassrelais anspricht und die Hauptschlusswicklung des Dynastarters vom Strom durchflossen wird. Der Startergenerator läuft als **Hauptschlussmotor** (großes Anzugsmoment) an. Durch den hohen Anlaufstrom spricht jetzt auch das Reihenspulenrelais an, sodass das Anlassrelais direkt von der Sammelschiene Strom erhält. Durch Drücken des Anlassunterbrecherschalters kann der Startergenerator ohne Betätigung des Anlassschalters kurzzeitig unterbrochen werden.

Ist das Triebwerk angesprungen, wird der Anlassschalter geöffnet und dadurch der Stromkreis zur Hauptschlusswicklung unterbrochen. Der jetzt vom Triebwerk angetriebene Startergenerator läuft nun als Nebenschlussgenerator und liefert Spannung für das Bordnetz. Das Triebwerk kann durch das Betätigen der Klauenkupplung vom Anlasser getrennt werden und treibt dann nur noch den Alternator als Spannungslieferanten an.

Merke: Der Anlasser sollte nur kurzzeitig mit längeren Unterbrechungen eingeschaltet werden!

Beachten Sie bitte auch die folgende **Flugsicherheitsmitteilung (1/73)** des Luftfahrt-Bundesamtes!

Masseschlussprüfung der Zündanlagen von Kolbenflugmotoren:

Mangelhafte Masseverbindung des Zündschalters kann beim Durchdrehen des Motors an der Luftschraube, beim Verschieben des Flugzeugs und beim Verdrehen der Luftschraube **auch bei ausgeschalteter Zündung zu Zündungen und damit zu Unfällen führen**. Zur Vermeidung von Unfällen und Beinaheunfällen empfiehlt das Luftfahrt-Bundesamt:

1. **Prüfen** Sie bei der nächsten Kontrolle den einwandfreien Zustand und die vorschriftsmäßige Ausführung des zum Zündschalter führenden **Massekabels.** Überzeugen Sie sich dabei auch davon, dass die Kontaktstellen nicht korrodiert, sondern gut elektrisch leitfähig sind.
2. **Prüfen Sie die Kurzschlussfunktion der Zündanlage bei der Magnetprobe vor dem Start und nach der Landung** (Motordrehzahl nach Flughandbuch, falls dort nicht angegeben, etwa 800 U/min.). Vorgang: Von M 1 + 2 auf „Aus" („OFF") schalten. Aussetzen der Zündung feststellen, sofort zurückschalten auf M 1 + 2. Vorsicht! Nicht auf „Anlassen" („Start") weiterschalten, falls es sich um einen Anlass-Zündschalter handelt.
3. **Ergänzen Sie die Klarliste** (falls sie keinen Hinweis enthält) in den Abschnitten „Vor dem Start" und „Nach der Landung" durch den Hinweis: „Kurzschlussprobe Zündung bei ....U/min".
4. **Ziehen Sie den Zündschlüssel vor dem Abstellen des Flugzeugs in der Halle ab** und legen Sie ihn so auf das Instrumentenbrett, dass er von außen leicht sichtbar ist. Überzeugen Sie sich dabei davon, dass der Schlüssel tatsächlich in **Zündschalterstellung „Aus" („OFF")** abgezogen wurde.

H Stichwortverzeichnis

Aus dem Hause Schiffmann...

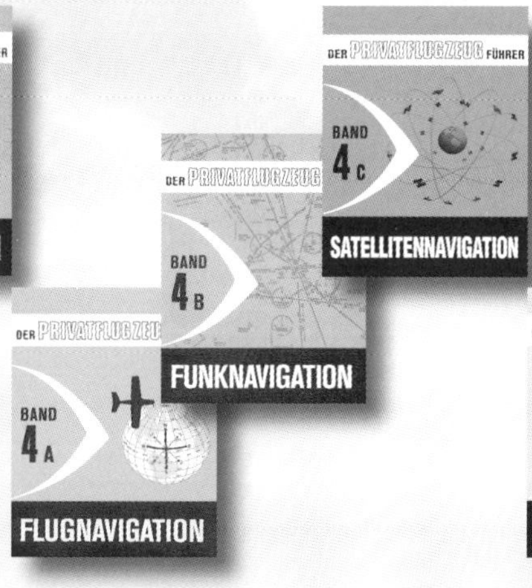

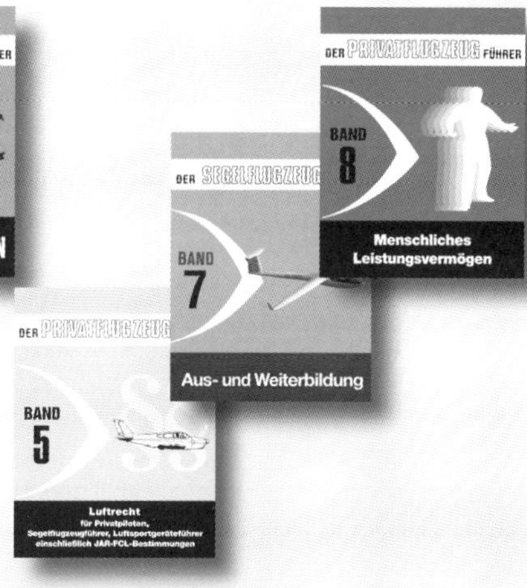

Band 1 – Technik I
Verfasser: Wolfgang Kühr
- Hauptbauteile des Flugzeugs
- Aerodynamik und Fluglehre
- Die richtige Beladung des Flugzeugs
- Belastung und Lastvielfache
- Der Propeller
- Triebwerkkunde
- Triebwerküberwachungsinstrumente und -systeme

Band 2 – Grundlagen der Flugwetterkunde
Verfasser: Wolfgang Kühr
- Die Atmosphäre
- Temperatur, Stabilität und Luftfeuchtigkeit
- Wolkenbildung, Wolkenarten
- Nebelbildung, Sicht und Dunst
- Niederschlagsarten
- Der Wind, Hoch- und Tiefdruckgebiete
- Luftmassen und Fronten
- Die Wettererscheinungen in Tiefdruck- und in Hochdruckgebieten
- Großwetterlagen in Mitteleuropa
- Gefährliche Wettererscheinungen für die Fliegerei
- Wetterkarten, -schlüssel, -symbole und -meldungen

Band 3 – Technik II
Verfasser: Wolfgang Kühr
- Staudruck- und statisches Drucksystem und die daran angeschlossenen barometrischen Flugüberwachungsinstrumente
- Grundlagen des Instrumentenfliegens
- Die Kreiselinstrumente
- Flugleistungen und Flughandbuch

Band 4 A – Flugnavigation
Verfasser: Wolfgang Kühr
- Grundlagen der Flugnavigation
- Die Gestalt der Erde
- Die Zeit
- Karten für die Luftfahrt
- Der Magnetkompass
- Grundlagen der Koppelnavigation
- Der Navigationsrechner
- Flugplanung

Band 4 B – Funknavigation
Verfasser: Wolfgang Kühr
- Grundlagen der Funktechnik
- Ungerichtete Funkfeuer (NDB) und das automatische Funkpeilgerät (ADF)
- Das UKW-Drehfunkfeuer (VOR) und die Bordanlage mit Navigationsverfahren
- Das Instrumentenlandesystem (ILS)
- Die Satellitennavigationssysteme
- Das Entfernungsmessgerät
- RADAR für die Flugverkehrskontrolle
- UKW Peiler und Navigation mit Fremdpeilungen (VDF)
- Flugnavigationskarten

Band 4 C – Satellitennavigation
Verfasser: Jan Kupzog
- Geschichte der Satellitennavigation
- Gefahren beim Einsatz von GPS
- Das Koordinatensystem WGS-84
- Aufbau des GPS
- Wie funktioniert GPS?
- Die Fehler des GPS
- Was kann GPS leisten?
- Systeme zur Erhöhung der Genauigkeit
- GLONASS
- Vorschriften
- GPS Anflüge
- Ausblick und Zusammenfassung
- Abkürzungen und Definitionen

Band 5 – Luftrecht
Verfasser: Wolfgang Kühr
- Rechtsvorschriften für den Luftverkehr
- Nationale und internationale Organisationen der Luftfahrt
- Veröffentlichungen der Luftfahrtbehörden
- Flugplätze
- Luftfahrzeuge und zulassungspflichtige Ausrüstung
- Luftfahrtpersonal
- Teilnahme am Luftverkehr
- Haftung im Luftverkehr
- Straf- und Bußgeldvorschriften

Band 7 – Der Segelflugzeugführer, Aus- und Weiterbildung
Autorenteam: Fred W. Weinholtz, Dieter Franzen und Peter Prybylski
- Luftrecht, Luftverkehrs- und Flugsicherungsvorschriften (Umfang der theoretischen Ausbildung für den Segelflugzeugführer)
- Navigation
- Meteorologie
- Technik
- Verhalten in besonderen Fällen
- Flugfunk

Band 8 – Menschliches Leistungsvermögen
Verfasser: Jan Kupzog
- Grundlagen der Flugphysiologie (Einführung)
- Das Steuerzentrum
- Die Erdatmosphäre
- Die Atmung
- Auswirkungen des Luftdrucks auf den Körper
- Herz und Kreislauf
- Überleben in der Atmosphäre
- Beschleunigungen
- Der Gleichgewichtssinn
- Der Sehsinn
- Das Gehör
- Physiologische Belastungen
- Der Faktor Mensch und seine Fehler
- Mögliche Gründe für Fehler
- Ansätze zur Fehlerkorrektur
- Leistungsbeeinflussende Faktoren

Flieger-Taschenkalender
Ihr persönlicher Lotse in der Luft und am Boden!

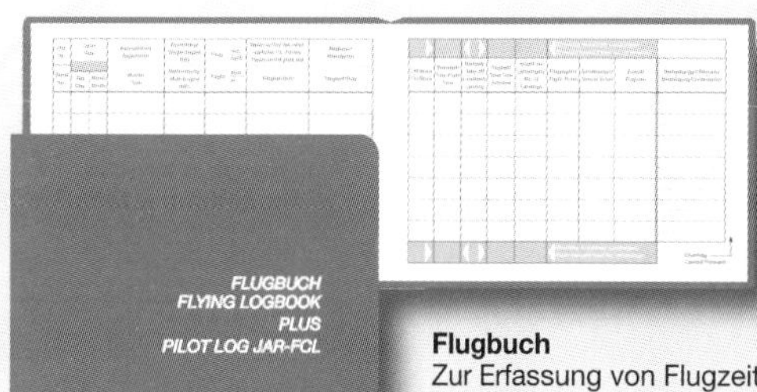

Flugbuch
Zur Erfassung von Flugzeiten (Motorflug, Motorsegler/TMG, Segelflug, UL und Schulflüge)

Auch aus dem Hause Schiffmann...

Die interaktive Trainingssoftware für die Ausbildung zum Privatpiloten

EXAM Plus / Schiffmann

Soft- und Bookware von Fliegern für Flieger

Herausgeber und Copyright:
Luftfahrtverlag Friedrich Schiffmann GmbH & Co. KG,
Bergisch Gladbach/Frechen in Kooperation
mit der Peters Software GmbH, Köln.

Die Trainingssoftware GOTO PPL

Die Vollversion der auf CD-ROM gelieferten interaktiven Trainingssoftware beinhaltet nicht nur den aktuellen amtlichen PPL-Fragenkatalog, sondern ist gleichzeitig elektronisch gekoppelt mit der Schiffmann-Fachbuchreihe „Der Privatflugzeugführer“ sowie der professionellen EXAM-Software zur Vorbereitung auf die theoretische Flugprüfung. Die Prüfungsfragen des Fragenkatalogs sind mit dem Lehrmaterial der Fachbuchreihe optimal aufeinander abgestimmt, sodass bei einer falsch beantworteten Frage sofort der dazugehörige Lehrtext eingeblendet wird. Ebenso unterstützt die Trainingssoftware auch den umgekehrten Weg, und der angehende Pilot kann nach der Bearbeitung eines Lehrabschnittes eine Verständnisüberprüfung anhand eines Tests mit den für diesen Bereich zutreffenden Fragen durchführen.

Die Trainingssoftware GOTO CVFR

Genauso wie bei der bewährten Trainingssoftware GOTO PPL werden auch in der Trainingssoftware GOTO CVFR die Fragen der theoretischen Prüfung zur Erlangung der „Berechtigung zur Durchführung kontrollierter Sichtflüge“ (kurz: CVFR-Berechtigung) interaktiv mit der Schiffmann-Fachbuchreihe „Der Privatflugzeugführer“ sowie der professionellen Prüfungs-Software EXAM aus dem Softwarehaus Peters gekoppelt. GOTO CVFR enthält um die 880 Prüfungsfragen und das hinterlegte Lehrmaterial der Prüfungsfächer Luftrecht, Technik und Funknavigation.

Der neue amtliche PPL-Fragenkatalog

Der PPL-Fragenkatalog und die identische Softwareversion sind herausgegeben vom Bundesministerium für Verkehr, Bau- und Wohnungswesen (BMVBW) in Kooperation mit Produktpartnern DAeC, DFS, Peters Software und Luftfahrtverlag Friedrich Schiffmann in enger Zusammenarbeit mit den Luftfahrtbehörden der Länder, dem LBA, dem DWD sowie weiterer staatlicher Einrichtungen. Er erhält die amtlichen Prüfungsfragen mit Lösungsverzeichnissen der flogenden Fächer:

- Luftrecht, Luftverkehrs- und Flugsicherungsvorschriften
- Navigation
- Meteorologie
- Aerodynamik
- Allgemeine Luftfahrzeugkenntnisse, Technik
- Verhalten in besonderen Fällen
- Menschliches Leistungsvermögen
- Flugfunk BZF + AZF